L'AVICULTURE

ET

L'INCUBATION ARTIFICIELLE

L'AVICULTURE

ET

L'INCUBATION

ARTIFICIELLE

TRAITÉ D'ÉLEVAGE PRATIQUE

PAR

A. FORGET

Aviculteur zoologiste
Membre de la Société Nationale d'Aviculture de France.

PRÉFACE

DE

MAURICE HEGAY

« *Labor improbus omnia vincit.* »

INCUBATION ARTIFICIELLE — ÉLEVAGE — ENGRAISSEMENT
RACES DE POULES FRANÇAISES ET ÉTRANGÈRES
POULAILLER — HYGIÈNE — SOINS GÉNÉRAUX — MALADIES
NOURRITURE ET TRAITEMENT
LE DINDON — LA PINTADE — LE CANARD — L'OIE
LE FAISAN
INDUSTRIES AVICOLES — L'AVICULTURE INDUSTRIELLE
ETC., ETC.

Ouvrage orné de 44 gravures

PARIS

G. DELARUE LIBRAIRE-ÉDITEUR

5, RUE DES GRANDS-AUGUSTINS, 5

A

Monsieur L. BRECHEMIN

Secrétaire de la Société Nationale d'Aviculture de France,
Directeur du journal *la Revue avicole*.

A vous, Monsieur qui nous avez témoigné tant de sympathie depuis la fondation de notre maison, qui nous avez encouragé dans la marche toujours difficile d'un premier début, permettez-nous de dédier ce volume. Votre nom y est souvent répété, nous avons eu souvent recours à vos lumières pour mieux persuader les lecteurs de la justesse de ce que nous avancions.

Nous serions heureux que cette dédicace vous soit sensible et vous cause autant de plaisir, que vos bons conseils et vos encouragements nous ont si souvent causé.

FORGET

PRÉFACE

C'est avec une pleine confiance que je présente au public et, surtout aux amateurs, l'instructif volume que vient de faire paraître mon ami Albert Forget.

Cet ouvrage s'adresse à tous, au fermier aussi bien qu'à l'aviculteur de profession. C'est une œuvre à la fois instructive et attrayante, bourrée de documents, dans laquelle l'observation personnelle se mêle à une expérience acquise par une étude approfondie des mœurs des habitants de nos basses-cours.

Albert Forget est un jeune, c'est vrai, mais qui arrivera par sa ténacité, par son ardeur au travail et surtout par son amour pour l'aviculture.

Sorti il y a quelques années avec le numéro 1 de l'école de Gambais, il se donna corps et âme à la tâche qu'il avait entreprise et, le premier dans les Ardennes, créa un grand établissement au Vivier-Guyon.

C'est là qu'il inventa une couveuse automatique qui fait l'admiration de tous les connaisseurs et qui est appelée à un grand succès, nous n'en doutons pas.

Encouragé par les résultats obtenus, M. Albert Forget s'est décidé à publier une œuvre familière, précise et nette, édifiée sur une expérience de toutes les minutes.

Rien n'a été omis dans cet ouvrage qui parcourt pas à pas le monde coquetant des poulaillers, nous décrit les mœurs spéciales de chaque race, nous fait connaître leurs besoins, les soins que réclame leur élevage... Je n'entreprendrai point de suivre pas à pas mon ami et concitoyen dans son œuvre : les quelques pages dont je dispose n'y suffiraient pas et je craindrais d'anticiper sur le plaisir que l'on trouvera à la lecture de *l'Aviculture et de l'Incubation artificielle.*

MAURICE HÉGAY

AVANT-PROPOS

En livrant notre livre au public nous ne prétendons pas lui donner une monographie de toutes les races de poules ni de canards, nous ne prétendons pas non plus lui fournir un guide complet sur l'élevage des oiseaux de basse-cour. Non, le but que nous nous sommes imposé est beaucoup plus modeste. Il y a actuellement de nombreux ouvrages écrits par des hommes compétents sur les choses que nous écrivons plus haut[1]. Ces livres que nous recommandons de toute notre force aux aviculteurs contiennent des études très approfondies et des conseils très précieux.

Quant à nous, nous nous sommes bornés à

[1] *Poules et poulaillers*, par Louis Brechemin (Paris, Dentu, éditeur, 1894); *Basse-cour, pigeons et lapins*, par De La Blanchère (Delarue, éditeur, Paris); *Les oiseaux de basse-cour*, par Rémy de Loup (J.-B. Baillière, éditeur, 1895, Paris); *Les oiseaux de basse-cour*, par E. Lemoine (Paris, G. Masson, éditeur).

faire un traité complet sur l'incubation et l'élevage artificiels et leur application à la basse-cour.

Certainement aucun traité jusqu'ici n'avait encore été publié sur les questions que nous nous proposons de traiter. Aussi avons-nous la ferme conviction que notre livre sera bien reçu de tous.

On verra dans tout ce qui va suivre, que, tout en nous servant des appareils que nous construisons, pour les expériences dont nous donnons les résultats dans ce volume, nous écartons avec soin tout ce qui pourrait nous constituer une réclame, voulant donner au public un guide pratique et précis et non une catalogue agrémenté.

Ce livre que nous publions aujourd'hui, résultat de nos études, nous a déjà été si souvent demandé et redemandé par tous, depuis la fondation de notre maison.

Cinq ans se sont écoulés depuis cette époque ! Et par tous, nous entendons aussi bien le petit éleveur que l'aviculteur industriel qui ont eu une confiance absolue dans la sincérité de nos opinions en matière d'élevage pratique. Et cette confiance que nous sommes si heureux d'avoir mérité, nous ferons tout notre possible pour qu'elle ne soit pas vaine.

Nous tenons aussi à remercier ici à cette place, tous nos collègues et amis de la Société nationale d'aviculture de France dont beaucoup nous ont si souvent donné des preuves de leur amitié.

A cette grande famille, aujourd'hui si belle et qui réunit en son sein nos plus grands maîtres en matière d'aviculture, à cette association dans laquelle tout le monde est frère, à cette œuvre de gens de cœur créée et si dignement patronnée par le plus sympathique des présidents, M. Ernest Lemoine.

A tous, nous adressons ici nos plus sincères vœux de bonheur et de longévité, en les remerciant encore de la grande part qu'ils ont pris dans notre œuvre.

INCUBATION ARTIFICIELLE

L'historique de l'incubation artificielle a déjà été fait tant de fois et par des auteurs de si haute compétence que nous n'entreprendrons pas à cette place de le faire de nouveau.

Du reste, peu importe à l'éleveur de savoir que les Chinois et les Indiens sont les deux peuples qui les premiers nous enseignèrent que l'on pouvait faire éclore des œufs sans le secours des poules. L'incubation artificielle est aujourd'hui entrée complètement dans la pratique et les appareils mis en vente sont tellement perfectionnés que la réussite n'est plus douteuse.

La chose principale à obtenir, en un mot le point de départ pour qui veut se livrer à l'élevage de la volaille, est d'abord d'acquérir une bonne couveuse artificielle dans une maison sûre et qui offre des conditions de garantie suffisante.

Fidèles au programme que nous nous sommes tracé et ne voulant en aucun point pour constituer la plus légère réclame, nous laisserons, ici, la parole à un aviculteur compétent qui donnait, dans le *Moniteur des Campagnes*, son avis sur la couveuse artificielle qui servira, dans tout ce qui va suivre, à la démonstration des faits qui se rattachent à la principale partie de cet ouvrage :

« Il est malheureusement encore trop d'éleveurs qui refusent absolument de croire à la bonne réussite des appareils modernes, et ce sont ceux-là surtout que je veux convertir.

« La France est surtout le pays de l'incubation artificielle ; c'est chez nous, en effet, que tous les principaux perfectionnements apportés aux incubateurs ont vu le jour. Et depuis plus de cent ans, d'habiles praticiens ont, par leurs recherches continuelles, amené l'incubateur à ce qu'il est aujourd'hui.

« C'est surtout depuis quelques années que les principaux perfectionnements ont été apportés.

« D'abord sont venues les couveuses Voitellier, Roullier et Arnoult ; puis les incubateurs Philippe, Martin et Lagrange, qui déjà étaient munis d'utiles perfectionnements.

« Enfin, en 1889, apparut un système de couveuses absolument nouveau et dit « à air chaud ». Ce système était, disait-on, l'invention d'un éleveur anglais et était mis en vente par M. Gombault de Merville.

« Dans ce système, la chaudière était supprimée et la chaleur était fournie par une lampe.

« Mais on disait aussi que l'incubateur anglais avait de grands défauts ; le premier, de ne pas distribuer une chaleur uniforme aux œufs, et de subir trop de variations de température ; le second défaut était dans le régulateur qui ne fonctionnait qu'à moitié. Ces critiques étaient malheureusement vraies et cet incubateur accueilli avec tant d'enthousiasme au début, devait bientôt être abandonné par les éleveurs.

« Quand, un beau jour, apparut l'incubateur Forget que tous les bons éleveurs connaissent dès à présent. C'est surtout de cet incubateur que je veux entretenir le lecteur car, pour moi, comme pour tous ceux qui l'ont essayé, il est l'incubateur idéal, le *nec plus ultra*.

« MM. Forget sont des chercheurs infatigables, dépensant toute leur science et tout leur temps en perfectionnements multiples en matière d'aviculture. Ce n'est qu'après avoir essayé tous les incubateurs mis en usage et n'en ayant pas obtenu de résultats satisfaisants, que MM. Forget se sont mis à l'ouvrage. Ils ont eu le bonheur de créer un appareil nouveau, excessivement pratique et dont la réussite est assurée.

« L'incubateur Forget se compose d'une boîte rectangulaire, dans laquelle sont placés les œufs. Un réservoir de très petites dimensions et chauffé par une lampe leur distribue la chaleur nécessaire ; enfin un régulateur très ingénieux simplifie étrangement la conduite de l'appareil.

« Je ne veux pas, ici, décrire l'appareil de ces messieurs, car il me faudrait plus de place que je n'en dispose. Mais qu'il me suffise de dire que cette couveuse ne ressemble en rien à tout ce qui a été fait jusqu'ici et que les bases de ce système absolument nouveau assurent une réussite forcée aux œufs qu'il renferme.

« Du reste, les constructeurs ne livrent jamais un appareil sans en garantir la réussite et d'avance s'engagent à le reprendre sous trois mois s'il ne donne pas le résultat promis ; ils ne demandent pas un centime de location, le prix de l'appareil étant remboursé aussitôt. Ce sont certes des conditions que peu de maisons fournissent aux éleveurs.

« Donc, il n'est plus permis maintenant de douter de la réussite des couveuses artificielles, puisque tout le monde peut tenter l'expérience sans qu'il en coûte un centime. » (Alliann, *Moniteurs des Campagnes*, 26 mai 1894.)

La couveuse automatique à air chaud se compose d'une boîte cubique en bois, montée sur quatre pieds démontables. La boîte est pleine sur trois de ses côtés, sur le devant se trouve un châssis vitré permettant de voir très facilement ce qui se passe à l'intérieur. Le fond de la boîte est percé de nombreux trous destinés à laisser pénétrer la plus grande quantité d'air possible dans l'intérieur de l'appareil.

Au centre du plateau formant fond se trouve une ouverture ronde autour de laquelle est placé un manchon cylindrique en métal et à doubles parois ; ce manchon est rempli d'eau froide. Le manchon de dimensions très restreintes est entouré lui-même d'une boîte en bois très épais (voir la coupe).

Immédiatement au-dessus du fond de la couveuse se trouvent les plateaux à œufs, ces plateaux comprennent un cadre en bois sur lequel est fixée de la grosse toile métallique, c'est sur cette toile que sont placés les œufs.

La lampe ou le brûleur à gaz est placé à terre sous le centre de l'appareil pour que le verre pénètre de quelques centimètres dans l'intérieur du manchon cylindrique décrit plus haut.

A la partie supérieure de la couveuse se trouve un réservoir en zinc formant plafond, mais très plat pour ne contenir qu'une très petite quantité d'eau. Ce réservoir est traversé par de nombreux tuyaux qui débouchent sur le dessus de la couveuse et amènent ainsi un courant d'air constant et continu entre la partie supérieur et les ouvertures de la partie inférieure de l'appareil.

L'appareil décrit, voyons comment il fonctionne :

Aussitôt la lampe ou le brûleur à gaz allumé ; le manchon cylindrique qui enveloppe le tour du verre s'emplit d'air chaud, et l'eau contenue entre les deux parties de ce manchon entre en ébullition mais très lentement. Puis après avoir empli le manchon la chaleur du calorique monte directement à la partie supérieure de la couveuse et ne s'étend pas dans la partie basse comme on pourrait le croire. Cette chaleur se répand sur toute la surface du bassin supérieur de l'appareil et redescend ensuite verticalement sur les œufs.

Les œufs se trouvent donc absolument dans les mêmes conditions que dans l'incubation naturelle, ils reçoivent la chaleur en dessus et la fraîcheur en dessous, grâce aux nombreuses ouvertures du fond de l'appareil.

De plus l'air chaud, venant du haut, se rencontre juste au niveau des œufs avec l'air frais venant du bas, ce qui détermine autour dés œufs une vapeur humide saine et naturelle.

L'humidité est donc obtenue naturellement dans cette couveuse.

Les ouvertures du haut de l'appareil laissent échapper tout l'acide carbonique contenu dans l'intérieur et provenant des embryons contenus dans les œufs. De cette façon les œufs sont incubés dans l'air absolument pur, première condition de réussite.

De plus ces appareils sont chauffés par le gaz artificiel, sans mèche, sans odeur, sans fumée, et par conséquent ne pouvant porter aucun préjudice aux embryons.

Les appareils à gaz comprennent deux parties :

1° Le brûleur régulateur,

2° Le réservoir à essence minérale.

Ces deux parties distinctes sont reliées entre elles par un tuyau. Aussitôt le réservoir à essence empli, le gaz se liquéfie en passant dans le tuyau et produit une belle flamme bleue sans fumée.

Il suffit d'emplir le réservoir à essence toutes les vingt-quatre heures, le travail consistant simplement à cela.

On n'a donc plus l'immense inconvénient des mèches à couper ou à essuyer, opération toujours difficile et souvent gênante.

De plus, l'écart de température est nul dans ces nouvelles couveuses, grâce au système de chauffage. Car s'il n'est pas toujours facile de régler la flamme d'une mèche, il n'en est pas de même avec le gaz, on en maintiendra toujours la même flamme sans le plus petit vent et par cela même une température constante et uniforme dans l'appareil.

Mise en marche et soins à donner aux couveuses artificielles

C'est entre 38 et 40° centigrades qu'il faudra toujours maintenir la température de la couveuse artificielle.

Rien n'est plus simple, comme on va le voir, non seulement d'obtenir cette température mais de la maintenir pendant tout le cours de l'incubation.

On fera deux visites au couvoir : l'une le matin, à huit heures et une le soir à la même heure.

Le travail consistera donc simplement à ceci :

1° Enlever le tiroir de l'incubateur et le sortir complètement de l'appareil, retourner les œufs. L'opéra-

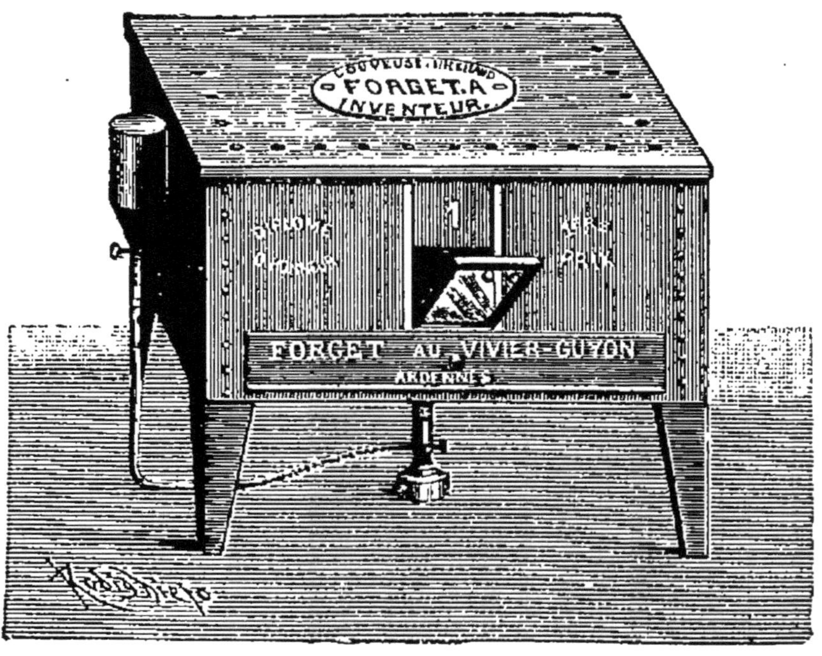

Fig. 1. — Couveuse artificielle.

tion du retournement des œufs contrairement à ce qu'ont dit plusieurs auteurs doit être faite à notre avis avec le plus de précision possible. Pour cela faire il faudra enlever les deux dernières rangés d'œufs, c'est-à-dire celles placées dans le fond du tiroir, les œufs seront placés sur une étoffe quelconque pendant que l'on procédera au retournement de ceux placés dans l'appareil ceux de la troisième rangée devenant de la première, etc., etc., jusqu'à la dernière rangée.

On fera bien pour faciliter l'opération de marquer

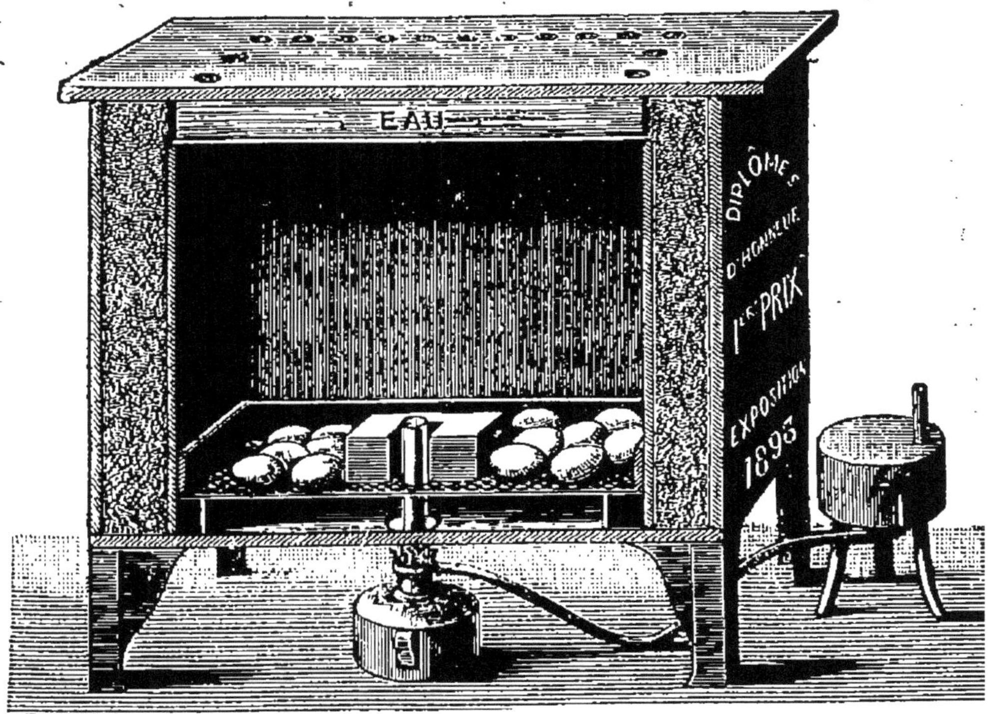

Fig. 2. — Couveuse artificielle (coupe).

les œufs avant de les mettre en incubation : d'un côté d'un trait de crayon rouge et de l'autre d'un trait de crayon bleu.

Il sera facile alors de retourner les œufs méthodiquement et sans tâtonnements. Nous avons toujours combattu l'usage des tourne-œufs automatiques qui tous présentent de grands défauts. Il est bien plus simple de retourner les œufs à la main, d'autant plus que l'on doit laisser les œufs prendre l'air au moins dix minutes avant de les replacer dans l'appareil et qu'on a tout le temps voulu de faire cette opération sérieusement. Le retournement méthodique des œufs est une des principales chances de réussite de la couveuse.

Comme nous le disons plus haut, les œufs doivent rester dix minutes hors de l'appareil soir et matin, la première semaine, sept minutes la seconde, trois minutes la troisième.

Ces quelques instants de refroidissement sont indispensables pour donner de la force aux embryons.

Après avoir donné les soins aux œufs, on s'occupera de l'appareil de chauffage.

Dès que l'on aura trouvé la hauteur de la flamme nécessaire pour fournir à l'incubateur une chaleur de 40°, on ne touchera plus au bec, le seul travail consistant à remplir le réservoir d'essence minérale toutes les vingt-quatre heures.

Toutefois vers le quinzième jour les poussins contenus dans les œufs commençant à dégager de la chaleur il s'ensuit une hausse de température insignifiante mais marquée. Dès que l'on s'apercevra de cette hausse on diminuera la flamme de la lampe de

2 ou 3 degrés et l'équilibre se retrouvera forcément maintenu.

L'élevage artificiel comparé à l'élevage naturel.

D'abord la couveuse artificielle donne-t-elle une réussite supérieure à la couveuse naturelle ? Evidemment oui, et tous les vrais éleveurs sont aujourd'hui de notre avis depuis les perfectionnements apportés successivement à ces appareils.

Oui ? et pourquoi ? direz-vous.

Nous allons faire tout ce qui dépendra de nous pour le prouver, car bien que certains d'avoir pour nous l'opinion des éleveurs, il ne nous reste pas moins à lutter contre l'ennemi des progrès, qu'on appelle la routine.

Il est en effet pénible de constater qu'il existe encore dans de nombreux villages des vieux de la vieille chez qui les préjugés sont si profondément enracinés qu'ils vous trouveraient fous si vous leur parliez de faire éclore des œufs sans le secours d'une poule.

Mais, braves gens, de grâce, raisonnez donc un peu ; pour faire éclore un œuf que vous faut-il ?

Chaleur uniforme.

Humidité réglée.

Aérage constant.

Et c'est justement tout cela que nous vous offrons en vous assurant d'avance une réussite complète.

Laissez-vous donc tenter, et dès la première incubation les résultats vous convaincront d'une façon beaucoup plus complète que nous ne pouvons le faire.

Mais voilà, il vous reste encore un argument. Vous nous soutenez carrément, que les poulets naissant d'œufs soumis à l'incubation artificielle ne sont pas aptes à la reproduction entre eux à l'âge adulte !

Où en sommes-nous grand Dieu !

La poule quand elle est placée sur son nid, ne peut absolument pas fournir la même chaleur à l'un et l'autre œuf, car celui qui est placé sous l'aile reçoit beaucoup moins de cette chaleur que celui qui se trouve sous l'abdomen. Je sais parfaitement qu'elle retourne et déplace fréquemment ses œufs, mais ces déplacements ne sont jamais uniformes et par conséquent aucun œuf n'est couvé de la même façon.

Croyez-vous aussi, que les excréments que la couveuse laisse tomber dans un nid, soient favorables au développement de l'embryon à qui il faut toujours un air des plus purs ? Là aussi vous ferez une objection ; vous nous direz que lorsque les couveuses sont tenues proprement rien n'est à craindre de ce côté.

Mais alors il faudrait donc que vous restiez constamment auprès de vos bêtes pour prévenir leurs besoins. Et voilà pour l'hygiène. D'un autre côté il est bien rare, que sur une couvée d'une quinzaine d'œufs la mère n'en casse deux ou trois ; c'est peut-être peu, ce vous semble et cependant c'est énorme.

Et les pauvres petits piétinés les premiers jours de leur naissance les comptez-vous ?

Ceux-là, s'ils ne meurent pas, n'en restent pas moins des natures frêles et excessivement délicates.

Avec la couveuse artificielle, vous n'avez rien à craindre de tout cela. Les œufs reposent dans l'appareil qui leur fournit une chaleur uniforme et une aération constante et pure ; le retournement méthodique journalier a de bien meilleurs effets que les déplacements variés que la poule fait subir aux œufs.

Là aussi plus de mauvaise odeur, source de tant de maux ; air toujours le plus pur, et par conséquent le meilleur.

Et le jour de l'éclosion ? Voilà encore un des avantages importants de la couveuse artificielle ; les poussins naissent simultanément, et, sans être dérangés, ils opèrent ce travail déjà si pénible beaucoup plus aisément que s'ils se trouvaient sous le ventre d'une poule, au milieu de coquilles cassées.

Puis pas de danger ici que la mère, lourde et maladroite, écrase un des pauvres petits. La même chose s'applique à l'éleveuse artificielle qui, pendant tout le temps que durera l'élevage, prendra beaucoup plus de soins de sa couvée que la plus habile des poules, étant toujours prête à les recevoir et à leur distribuer une chaleur nécessaire à leur développement. Aussi voyez les résultats, comparez à l'âge de trois mois les produits obtenus par l'une et l'autre méthode, et vous verrez que la comparaison sera tout à fait en notre faveur.

D'abord le pour cent des résultats sera beaucoup plus élevé dans la méthode artificielle que dans la méthode naturelle. Ensuite les produits seront de beaucoup supérieurs, comme taille, comme finesse, et comme rusticité.

Peut-on prédire le sexe du poussin.

Il est une chose incontestable et que l'on ne peut vérifier qu'avec satisfaction, c'est que l'aviculture se développe de plus en plus en France, et que de jour en jour les élevages industriels se multiplient dans notre beau pays. On constate aussi avec non moins de plaisir que les volailles de race commencent à être plus connues par nos paysans qui, de tout temps, élevaient et s'entêtaient à n'élever, que des volailles sans nom, d'origine multiple, leur coûtant fort cher tout en leur rapportant peu. On se réjouit aussi à l'idée que l'incubation artificielle commence à entrer dans nos mœurs et qu'aujourd'hui la châtelaine aussi bien que la fermière, chassant au loin la routine, emploient volontiers les incubateurs pour les éclosions des œufs de leurs volailles. Le progrès est constaté, et cependant il est à regretter que, malheureusement avec toutes ces belles applications, l'aviculture n'en reste pas moins encore fort en arrière des autres

branches de l'industrie agricole en France. Et pourquoi? nous demanderez-vous. Hélas ! il n'est pas de
médaille sans revers. Bien que dans beaucoup d'endroits le progrès ait raison de la routine, il en est malheureusement encore beaucoup d'autres où il existe
une sorte de rébellion contre tout ce qui est nouveau.
Des superstitions insensées et ridicules existent encore.

Et cependant, devons-nous en vouloir uniquement
à nos braves campagnards d'être quelquefois aussi
entêtés et de refuser, sans même se persuader de leur
excellence, les beautés des inventions nouvelles ?
Non ! cent fois non ! Ne lisait-on pas, il y a quelques
mois à peine, sur tous les journaux avicoles, l'annonce
d'une fameuse découverte permettant de connaître le
sexe du poussin avant sa naissance et avant même de
mettre l'œuf en incubation.

Le grand propagateur de cette merveilleuse trou-
vaille, envoyait sa recette infaillible contre le reçu de
1 franc en timbres. Combien naïfs ne fûmes-nous pas
nous qui, séduits par les beautés de cette habile
réclame, envoyâmes immédiatement la somme de-
mandée pour posséder le secret ?

Qu'avez-vous reçu alors ? Une simple feuille de
papier qui vous démontrait par A + B que si au
mirage la chambre à air de l'œuf se trouvait sur le
côté, il naîtrait certainement..... un coq ! Si cette
chambre à air se trouvait au contraire dans le haut de
l'œuf, et au milieu, il naîtrait... une poule ! ! !

Mais ce secret, ce fameux secret, vous le connaissiez depuis très longtemps, car c'est probablement cinq ou six ans avant Jésus-Christ, que ce bon M. de Kracq le mit en lumière pour la première fois. Et voilà où nous en sommes arrivés. Heureusement, nous ne croyons pas que la recette infaillible préconisée par M. X... ait pu trouver beaucoup d'admirateurs; mais ce qui est certain, c'est que beaucoup d'éleveurs se sont agréablement réjouis en la lisant.

Or, comment voulez-vous, que les sottes superstitions et les stupides préjugés qui existent encore dans nos campagnes disparaissent, si tel ou tel aviculteur qui se dit compétent se plaît à les entretenir pour son profit et dans le seul but de grossir sa bourse.

Notre avis à nous est qu'il est impossible de prédire le sexe d'un poussin qui doit naître, quoique certaines circonstances puissent influencer sur la reproduction d'un plus grand nombre de sujets de l'un ou de l'autre sexe, ou que l'on puisse parvenir par la sélection intelligente des lots de reproducteurs à obtenir une plus grande quantité de mâles que de femelles.

Il est à peu près certain que des œufs, récoltés au commencement de la saison, produisent des coqs en plus grande quantité que des poules et, ce fait vient de ce que les coqs ont, alors, toute leur vigueur qui diminue au fur et à mesure que la saison s'avance.

On observera la même chose si le coq n'a qu'un

nombre fort restreint de poules à féconder. Au contraire, s'il est à la tête d'un troupeau nombreux on trouvera une plus grande proportion de poules que de coqs dans les couvées.

Il en sera de même si le coq reproducteur est vieux et que les poules soient jeunes, vous obtiendrez beaucoup plus de poules que de coqs, le contraire encore si le coq est jeune et les poules déjà âgées.

Quant à la forme de l'œuf, elle varie suivant l'âge des poules; ainsi les œufs de poulettes sont plus longs et plus pointus (à moins de rares exceptions) que ceux des vieilles poules.

De l'éclosion.

L'éclosion des petits poussins a lieu, dans l'incubation artificielle comme dans l'incubation naturelle, du dix-neuvième au vingt et unième jour.

Lorsque le moment de l'éclosion approche, le véritable éleveur est tout émotionné; les vingt jours, jours longs s'il en fut, touchent à leur fin et ce n'est pas sans satisfaction, que l'aviculteur, va contempler dans un instant sa petite famille, digne récompense de ses efforts. A partir du dix-neuvième jour, les œufs ne seront plus retournés, on les laissera refroidir quelques minutes matin et soir, mais on les laissera dans l'immobilité la plus absolue

Dès le dix-neuvième jour au soir, les poussins contenus dans les œufs qui étaient les plus frais lors de la mise en incubation, commencent à chanter (suivant l'expression consacrée) dans leur coquille.

C'est avec bonheur, que l'on entend ces faibles cris, indices certains de la réussite de l'entreprise !

Malgré l'assertion de certains auteurs, nous soutenons formellement ici que le poussin brise sa coquille avec son bec, du reste à ce moment de l'éclosion il sera facile de s'en convaincre en plaçant un des œufs, duquel on entend sortir des cris, contre l'oreille d'une personne. On entendra alors *très distinctement* les coups de bec répétés du poussin pour ouvrir sa prison.

Il faut bien se garder surtout de vouloir aider en quoi que ce soit le poussin dans son travail de délivrance, sous peine de compromettre son existence. Les œufs au vingtième jour présenteront trois aspects différents, d'abord une catégorie de ces œufs seront séparées en deux parties égales et les poussins contenus dans ceux-ci délivrés complètement. D'autres œufs seront béchés sur un ou plusieurs endroits, c'est-à-dire que des éclats de coquilles auront été enlevés par le bec du poussin, enfin les derniers seront encore intacts. C'est que les œufs qui étaient les plus frais le jour de la mise en marche de la couveuse auront donné naissance aux poussins qu'ils contenaient dès le dix-neuvième jour, tandis que les autres poussins contenus dans les œufs moins frais, n'écloront que le vingtième ou vingt et unième jour.

Il ne faut pas, pour cela, vouloir aider les poussins dans leur travail de bêchage, ou vouloir faciliter la , sortie de ceux dont on entend déjà les cris sans les voir. La nature achèvera son œuvre seule et n'a besoin d'aucun secours.

On se bornera donc à enlever les coquilles des œufs ayant donné naissance à des poussins. Et à enlever les poussins éclos et déjà secs. Ces poussins seront portés dans la sécheuse que nous décrirons plus loin. Le travail de l'éclosion se fait pour le poussin assez rapidement.

Au milieu de l'œuf, la coquille gonflée se soulève, et finit par éclater sous les coups de bec répétés du poussin qu'il contient. Puis par un travail incompréhensible et admirable, le poussin répète cette opération sur tout le tour de l'œuf, jusqu'au temps où la coquille se trouve complètement séparée en deux parties. Alors réunissant toutes les forces qui lui restent, le poussin, par un vigoureux effort, se dégage complètement.

Mais ce travail si fatigant a tellement exténué le pauvre petit qu'il s'affaisse et s'endort d'un profond sommeil, ou du moins d'un sommeil qui nous paraît profond, car au moindre bruit, à la moindre trépidation il se redresse sur ses faibles pattes en ouvrant de grands yeux.

On est bien tenté pendant ces premières heures de l'existence du poulet d'ouvrir les châssis de la couveuse pour caresser ces petits êtres charmants, au duvet si doux et si soyeux.

Mais gardez-vous-en bien. La couveuse ne devra être ouverte, qu'à l'heure habituelle adoptée pour le retournement. Ne vous préoccupez pas non plus, du désordre apparent régnant dans la couveuse; cette quantité de poussins éclos se bousculant et se cherchant déjà querelle finissent toujours par trouver une place où ils s'endorment du même sommeil qui a suivi les quelques heures premières de leur existence.

Le vingt-deuxième jour au matin, tous les poussins devront être éclos. Les œufs restant dans l'appareil à cette date ne contiennent plus que des embryons morts à des époques différentes de l'incubation, ils sont toujours en bien plus petit nombre que dans l'incubation naturelle. Ces œufs seront donc détruits et la couveuse convenablement nettoyée sera remise en état pour une nouvelle incubation.

De la sécheuse.

Nous avons dit dans le chapitre précédent, que les poussins nouvellement éclos seraient transportés dans la sécheuse. Un mot en passant sur cet appareil. La sécheuse est une boîte rectangulaire, placée sur le dessus d'une couveuse, ou séparément.

Les poussins y reçoivent une chaleur douce ; beaucoup moins élevée que celle de la couveuse (22 à 20° centigrades).

C'est dans ce nid des premiers jours, que le poussin devra s'habituer à l'air extérieur amené dans l'appareil par de nombreux tuyaux.

Les poussins devront rester au moins vingt-quatre heures dans la sécheuse, et, durant ce temps ils ne devront recevoir aucune nourriture.

Cela semble drôle à bien des novices ; les pauvres petits éclos du matin doivent avoir bien faim. Erreur, le poussin en sortant de l'œuf a dans le corps toutes les matières qui restaient dans cet œuf une dizaine d'heures avant son éclosion, et c'est justement de toutes ces matières qu'il faut qu'il se débarrasse et vingt-quatre heures lui sont nécessaires.

C'est ce qui explique la grande facilité que nous avons, d'expédier des jeunes poussins par le chemin de fer et jusqu'aux plus grandes distances. Le poussin supporte beaucoup mieux le voyage, âgé de quelques heures à peine, que s'il est plus vieux ; car alors il n'a besoin d'aucune nourriture et arrive toujours en parfait état.

Depuis quelques années, les expéditions de poussins entre éleveurs se font couramment et les sujets ayant subi des voyages très longs ne paraissent nullement en souffrir.

Quand les poussins seront secs et qu'ils commenceront à marcher on les placera dans l'éleveuse. Les quelques heures que le poussin a passé dans la sécheuse l'ont changé complètement. Ce n'est plus le petit être, au duvet frais, à la mine piteuse, que l'on voyait dans la couveuse. C'est au contraire une ravissante petite boule de duvet, montée sur deux mignonnes pattes et trottinant sur tout le parcours de la sécheuse.

La sécheresse et les couvées.

Il est certain, incontestable même, que l'humidité régulièrement distribuée, quelle qu'en soit d'ailleurs la source, est une des principales garanties de la réussite des couvées.

Or, on sait que pour réussir il faut en moyenne 62° hygrométriques, et ce sont ces 62° que l'on doit s'efforcer d'obtenir.

Avec la couveuse artificielle on n'a pas cet embarras, car l'humidité est fournie d'une façon lente et régulière.

Plusieurs amateurs ont dit que l'humidité, dans le système de l'incubation par la poule, était amplement fournie par le voisinage de la terre. A notre avis c'est une erreur. Il est certain qu'un nid posé sur le sol aura une certaine fraîcheur, plus assurément qu'un autre posé sur un plancher par exemple.

Mais pendant une période de grande sécheresse, la terre n'est pas plus humide qu'un plancher.

Voici un argument encore plus concluant : Comment expliquer, en effet, qu'une pie, un pigeon ou un corbeau, couvant sur les plus hautes branches de nos plus grands arbres, mènent leur couvée à bien? Ce n'est pourtant pas le voisinage de la terre qui leur a fourni l'humidité !

Il n'est donc pas douteux que l'humidité est fournie, dans l'incubation naturelle, par la transpiration de l'oiseau. On nous répondra peut-être : « Comment expliquez-vous alors que par les temps de grande sécheresse nous n'obtenions pas de plus beaux résultats. »

Voici notre réponse : Comme il est généralement admis que c'est le voisinage de la terre qui fournit l'humidité, on choisit, pour mettre couver les poules, un endroit très frais. Si la température extérieure reste dans la moyenne, le résultat pourra être satisfaisant. Mais il sera tout autre, on le comprendra facilement, si la sécheresse est de longue durée.

D'une part, plus il fera chaud, plus l'humidité de la salle diminuera : elle pourra même s'évaporer complètement. D'un autre côté la température qui régnera dans cette salle ne sera pas assez élevée pour faire transpirer la poule. Ces deux causes suffisent pour faire avorter la couvée, et c'est ce qui arrive fatalement.

Bien que nous obtenions toutes nos éclosions au moyen de couveuses artificielles, nous avons voulu, en 1893, tenter une expérience avec des poules. La première a couvé dans une salle considérée comme humide, et réunissant par conséquent toutes les conditions voulues pour obtenir des éclosions satisfaisantes. La seconde a couvé en plein champ, à l'air libre. La poule couvant dans la chambre nous a donné 4 poussins sur 13 œufs ; quant à la poule couvant dehors, elle a amené 9 poussins sur 11 œufs.

L'expérience n'est-elle pas concluante ? La poule couvant dans le champ, sous l'effet de la chaleur, a transpiré et fourni à ses œufs plus d'humidité que la poule couvant dans la salle, et la réussite a été plus satisfaisante.

L'éleveuse-mère artificielle.

L'éleveuse artificielle est un appareil destiné à remplacer la poule mère dans l'élevage des poussins. Les éleveuses modernes sont toutes perfectionnées, aussi la réussite est-elle beaucoup plus certaine, en employant des éleveuses, qu'en employant la méthode naturelle.

Dans l'élevage naturel, la poule, lorsque tous ses poussins sont éclos, abandonnée à elle-même, s'en va par les prés et par les champs promener sa nombreuse famille. En vain cherche-t-on à la retenir, heureuse qu'elle est de posséder sa progéniture, elle ne connaît plus personne et devient même méchante quand on veut contrarier ses volontés. Combien de déboires

Fig. 3. — Éleveuse artificielle.

alors les fermiers n'ont-ils pas à enregistrer! Un jour la poule rentre à la ferme, il lui manque plusieurs poussins, dans sa fièvre de mener ses poussins à de

Fig. 4. — Serre pour les poussins.

grandes distances elle les a conduits si loin qu'elle en a perdu.

Un autre jour, cette même poule toujours si brusque, dans son empressement à chercher quelques graines pour ses poussins et grattant avec une ardeur fébrile en renverse plusieurs à coups de patte. Ces pauvres petits se relèvent tout meurtris, et ne comprenant pas cet acte de brutalité de la part de la mère.

La poule éleveuse va où bon lui semble, en quête d'insectes, de graines ou de limaçons. Elle ne s'inquiète pas si tous ses poussins la suivent, elle marche, elle avance toujours. Il arrive alors que souvent pour des causes multiples, quelques poussins restent en arrière. Mais, bah! la mère ne s'arrête pas pour si peu, et les pauvres petits abandonnés, cherchant tout le reste du jour après leur mère ingrate, mourant de faim et de froid, ne rentreront plus à la ferme. Demain on retrouvera leur petit cadavre dans l'herbe pleine de rosée et le passant n'aura pas même un regard de pitié pour ces pauvres petits malheureux.

Et voilà les beautés de l'élevage naturel. Combien d'autres inconvénients existant dans l'élevage naturel, sont totalement inconnus dans l'élevage artificiel.

L'éleveuse artificielle est une grande boîte rectangulaire. Le fond de cette boîte, ou plancher, est recouvert d'une légère couche de menue paille. Les poussins reçoivent la chaleur du haut de l'appareil. Un velours épais, tapissant le plafond et les côtés de la boîte, maintient les poussins absolument dans les mêmes conditions que sous la poule.

L'éleveuse est chauffée par le même système que la couveuse, toutefois la température intérieure ne devra jamais dépasser 20° centigrades, température qu'il est du reste très facile d'obtenir et de maintenir sans efforts.

Les poussins affectionnent particulièrement cette mère muette qui leur prodigue tant de soins!

Ecoutez-les le soir, quand ils sont tous rentrés ; on entend comme une vague rumeur, un mouvement de satisfaction venant de tous ces petits êtres témoignant leur contentement et leur bonheur.

Sur un des côtés de la boîte-mère se trouve une porte grillagée, destinée à laisser pénétrer et sortir les poussins facilement. Un velours retombe sur la porte de façon à ce que les poussins puissent pénétrer facilement et que l'ouverture soit toujours convenablement bouchée.

Pour l'élevage d'hiver, on ajoute aux éleveuses un promenoir vitré, ayant l'aspect d'une couche de jardin ; la porte de ce promenoir communique avec celle de la boîte-mère et les poussins viennent prendre leurs ébats tout le jour, errant dans cette serre.

Revenons donc à nos poussins. L'éleveuse ayant préalablement été chauffée, les poussins sont transportés dans l'éleveuse-mère, qui elle-même aura été placée au soleil autant que possible sur une pelouse gazonnée.

Pour le premier jour on sortira les poussins sur le gazon et on leur sèmera à terre quelques miettes de pain pour leur apprendre à manger, ils ne tarderont pas à absorber de la nourriture. On ne les laissera que très peu de temps sortis, quelques minutes à peine, et on recommencera l'opération une heure après.

Après avoir plusieurs fois répété ce manège, les poussins en auront assez, ils connaissent tout aussi bien que nous la porte de leur éleveuse. Alors on étendra un grillage galvanisé, de 0ᵐ,50 de hauteur tout autour de la boîte-mère ; et on placera la nourriture des poussins sur des billots ou des augettes, dans l'espace formé par ce grillage.

On ne tardera pas alors à voir une petite tête sortir de sous le velours tapissant la porte de l'éleveuse, puis tout le corps et enfin plusieurs poussins sortiront, viendront s'ébattre sur le gazon, prendre un peu de nourriture et rentreront bien vite sous la mère. Dès lors l'installation sera faite. La chose la plus difficile de l'élevage sera terminée.

La suspension de la vie chez les poussins en éclosion.

M. Brochut, de l'Académie des sciences, s'est servi des œufs en éclosion pour démontrer à ses collègues de l'Académie que la cessation des battements du cœur n'avait point lieu dans le phénomène de la cessation de la vie chez les vivants ; qu'il y avait là, contrairement à ce que l'on avait cru depuis longtemps, simplement diminution du nombre et de l'énergie des battements.

Si on retire des œufs de poule d'une couveuse arti-

ficielle ou naturelle après trois jours d'incubation, dit
M. Bouchut, on voit que les battements du cœur se
ralentissent dans l'œuf et deviennent tellement rares
que l'on pourrait croire qu'ils ont cessé complètement. On dirait que la vie s'est retirée de l'embryon.
Le cœur cesse de battre ordinairement après la vingt-
quatrième heure écoulée depuis le commencement du
refroidissement. Si alors un, deux ou même trois
jours après la cessation des battements, on met l'œuf
au contact d'eau tiède, le cœur commence de nouveau
à battre et l'embryon revient à la vie. Nous avons
observé nous-mêmes le même phénomène, mais au
lieu de plonger l'œuf dans l'eau tiède, nous l'avons
replacé sous la couveuse. Nous avons constaté que
l'évolution complètement arrêtée depuis deux ou trois
jours, s'est rétablie et a repris son cours normal.
Nous avons pu voir éclore plusieurs poussins, soumis
à ces conditions, et qui ont brisé leurs coquilles le
vingt-troisième jour au lieu du vingt et unième. Dans
ce cas il y a donc suspension de la vie pendant plusieurs jours sous l'influence du refroidissement, puis
réapparition des phénomènes de la vie sous l'influence de la chaleur d'incubation. Il y a longtemps
du reste que ces phénomènes nous étaient connus
dans la pratique des couveuses artificielles.

L'ÉLEVAGE ET LES PREMIERS SOINS

On a beaucoup discuté sur l'élevage des poussins. Sur cette intéressante question, tous les éleveurs à peu près ont donné leur avis et malgré tout, ces avis ne se ressemblent jamais. La question de la nourriture pendant les premiers jours reste toujours à traiter.

Du reste les procédés d'élevage peuvent varier à l'infini, suivant les contrées, suivant les éleveurs, suivant les races de volailles et toutes sortes de conditions.

Il ne faut pas se figurer que tout est bon au poussin, et que telle ou telle farine sera également profitable. C'est là une grosse erreur, et l'éleveur doit s'attacher surtout à ne donner à ses élèves qu'une nourriture très fortifiante et autant que possible peu variée.

Quelle que soit la pâtée adoptée, nous conseillerons toujours aux éleveurs de donner aux oiseaux des suppléments toniques et rafraîchissants.

Pour ce faire il est commode d'établir un tableau ainsi dressé :

Lundi : Pâtée de farine d'orge avec œufs durs hachés.

Mardi : Pâtée de farine d'orge, œufs et salades hachés.

Mercredi : Pâtée de farine d'orge, œufs et oignons hachés.

Jeudi : Pâtée de farine d'orge, œufs et millet mélangés.

Vendredi : Pâtée de farine d'orge avec œufs et salades.

Samedi : Pâtée de farine d'orge, sans œufs et millet.

Dimanche : Pâtée de farine d'orge, œufs et oignons hachés.

Toutes ces pâtées faites au lait.

Comme on le voit, la base de la nourriture reste la même tous les jours, mais les suppléments changent ; la salade sera donnée en petite quantité les premiers jours et les oignons dans une proportion encore moindre.

On augmentera au fur et à mesure que les poulets grandiront. Toutefois à l'âge d'un mois, il ne sera plus mis de lait dans les pâtées et le millet sera remplacé par du petit blé ou du sarrasin.

La nourriture sera distribuée à profusion sur des augettes que l'on placera toujours à l'ombre pour que la pâtée ne dessèche pas.

Enfin, il faudra fréquemment faire une visite aux éleveuses pour s'assurer que les petits ont toujours à manger.

Une chose essentielle aussi est de changer souvent la pâtée qui se trouve sur les augettes soit en remettant de la nourriture fraîche, soit en pétrissant avec les doigts celle qui reste.

La pâtée ne doit jamais présenter une surface plane et doit, au contraire, être mise le plus inégalement possible pour que les poussins puissent en détacher des parcelles sans effort.

En un mot, n'en faites pas de boulettes.

L'eau additionnée de vin est une excellente boisson de laquelle on tirera grand profit pour les jeunes poulets ; les fonds de bouteilles de vin et de cidre sont très appréciés, en y ajoutant toutefois une très grande proportion d'eau.

Mais n'oublions jamais qu'en matière d'élevage, il faut nourrir beaucoup pour avoir de beaux résultats.

Les poussins, traités comme il est dit plus haut, seront dignes de figurer dès l'âge de trois mois sur la table des plus fins gourmets.

Un dernier conseil aux personnes à qui la manipulation de ces pâtées semblerait fastidieuse.

Il existe de nombreuses farines qui contiennent tous les principes d'une excellente nourriture pour poussins et qu'on délaie facilement, soit au lait, soit à l'eau. Ces farines constituent un véritable progrès dans les questions d'élevage. On ne saurait trop en recommander l'usage.

Adolescence.

L'adolescence caractérisée par la fin de la première mue commence à huit semaines environ. A cette époque il est nécessaire de donner aux poulets une habitation plus vaste.

Il sera fait d'abord une première sélection. L'éleveur intelligent mettra à part tous les plus beaux sujets, ceux qu'il destine à la reproduction ; le reste des élèves sera placé dans un poulailler spécial où ils attendront l'âge de trois mois, époque vers laquelle on les mettra à l'engrais. C'est vers ce moment qu'on pourra pratiquer la castration. La castration, ce procédé barbare, qui a pour but d'enlever au poulet ses facultés de reproduction, pour lui procurer un repos absolu afin qu'il prenne mieux la graisse.

Nous avons toujours été ennemis du chaponnage. Cette opération, toujours pénible et souvent nuisible aux animaux, est selon nous parfaitement inutile.

Le poulet s'engraissera aussi bien, s'il n'est pas chaponné que s'il a subi cette mutilation.

Ce qu'il faut avant tout, c'est une race prenant bien la graisse et qui se développe rapidement. C'est la première condition pour avoir de beaux résultats.

Les poulets, séparés en vue de l'engraissement, seront nourris le plus abondamment possible pour les pousser et les préparer à l'engrais.

On leur donnera de la pâtée, faite avec de la recoupe (farine très bon marché et très nourrissante que l'on trouve partout), des déchets, des débris de table, etc., etc.

DE L'ENGRAISSEMENT

A l'âge de trois mois les poulets peuvent être mis à l'engrais. Trois sortes d'engraissement sont également usités en France :

1° Le gavage à la main par les pâtées ;

2° L'engraissement libre ;

3° Le gavage forcé ou mécanique.

Le gavage à la main s'opère de la manière suivante :

Les poulets sont enfermés dans des cages, et ces cages placées dans une place sombre. Deux ou trois fois par jour, suivant les cas, les poulets sont gavés, par des personnes exercées, prenant le nom de gaveur. Le gaveur opère de la manière suivante : il saisit un animal dans la cage, lui prend la queue et les pattes entre ses genoux, et, de la main gauche, il ouvre le bec de l'animal en tendant le cou de toute sa longueur. Alors saisissant des boulettes de pâtée de farine d'orge préalablement préparées, il les ingurgite une à une dans le gosier de l'oiseau, en les faisant glisser le long de l'œsophage entre le pouce et l'index de la main droite. Le nombre de pâtées à administrer varie suivant la grosseur de l'animal et l'époque de l'engraissement.

Les poulets ainsi traités se développent rapidement et prennent facilement la graisse. Cependant ce travail n'est pas très propre et répugne à certaines per-

Fig. 5. — Épinette pour l'engraissement libre.

sonnes, d'un autre côté, il faut avoir une grande habitude pour ne pas risquer d'étouffer l'animal.

Le deuxième mode d'engraissement, l'engraissement libre que tout le monde connaît, consiste à placer les volailles dans des épinettes (fig. 5) disposées spécialement à cet effet. Les volailles reçoivent à manger dans les augettes placées sur le devant de l'appareil.

Au bout d'un mois le poulet est parfaitement gras.

L'engraissement par épinette est très bon et facilement praticable pour l'amateur. Mais il n'en est pas de même pour le fermier ou l'aviculteur industriel qui ont en vue une grande production. Pour ceux-ci, l'engraissement mécanique ou forcé s'impose.

Fig. 6. — Gaveuse mécanique et épinette tournante.

La gaveuse mécanique (fig. 6) se compose d'un bâti en bois sur lequel repose un récipient en zinc ou seau à pâtée ; à la base de ce récipient se trouve fixé un long tube de caoutchouc. Un piston compresseur actionné par une pédale entre par le haut du récipient en zinc et refoule la pâtée dans le tuyau en caoutchouc à la moindre pesée du pied. Voilà pour l'instrument.

Quant aux volailles, elles sont placées dans des épinettes tournantes (fig. 6) ou à étagère suivant le local dont on dispose : l'épinette tournante est préférable en ce sens qu'elle permet de gaver les volailles en bien moins de temps qu'avec les épinettes à étagère.

L'épinette tournante est mobile, comme son nom l'indique ; elle tourne sur elle-même avec une grande facilité, les volailles y sont placées par étage et séparées l'une de l'autre par une petite cloison ; elles sont retenues dans les épinettes au moyen d'entraves qui ne peuvent les blesser.

Pour gaver une volaille, il suffit donc de lui prendre la tête entre le pouce et l'index de la main gauche, et d'opérer une petite pesée des deux doigts, sur la tête et à la naissance du bec, cette pesée a pour but de faire ouvrir le bec à la volaille ; l'opérateur en profite pour lui enfoncer le tube en caoutchouc d'une longueur de quelques centimètres dans le gosier et donner un coup de pédale, et l'animal reçoit sa ration.

L'opérateur peut gaver ainsi 600 volailles en une heure de temps, car aussitôt qu'il a fini d'administrer la pâtée à une bête, il donne un petit coup de pouce à l'épinette qui tourne sur elle-même et présente un nouveau poulet à l'opérateur qui n'a qu'à recommencer. Avec les épinettes à étagères, le gavage se fait moins rapidement, car les épinettes étant immobiles, le gaveur est obligé de tirer la gaveuse avec lui chaque fois qu'il veut gaver un nouveau poulet.

Ajoutons à ce que nous avons dit plus haut, que la lance à gaver étant en caoutchouc très flexible, cela permet à la personne la moins adroite de gaver un poulet sans le blesser, et qu'il ne faut que quelques heures d'apprentissage, car on est vite passé maître dans l'art de gaver une volaille.

Les bénéfices que l'on peut retirer de cette industrie sont énormes, aussi nos éleveurs du Mans et de Toulouse, voyant l'immense profit que l'on peut tirer du gavage mécanique, opèrent-ils tous à présent de cette façon.

L'engraissement dure au plus dix-huit jours pour les poulets et de neuf à dix jours pour les canards, et cela bien entendu pour avoir des sujets excessivement gras. Qu'il nous suffise de dire que chaque poulet coûte à peu près, pendant son séjour dans l'épinette, la modique somme de un franc et qu'il a gagné de 800 grammes à 1 kilogramme pendant ce laps de temps. Or, si le poulet a coûté trois francs depuis sa naissance jusqu'au jour où il est sorti de l'engraissement ce sera énorme. Son prix de vente sera en moyenne de cinq à sept francs sur les marchés, de là, un bénéfice net de deux francs et comme il est facile de livrer à la consommation 40 à 50 poulets par jour, c'est tous les jours un bénéfice important, et en déduisant les frais de loyer de la salle et tous les frais imprévus, on arrive encore à avoir un bénéfice relativement énorme.

Et nous avons compté les dépenses au plus haut, les recettes au contraire, ont été comptées le plus bas possible.

La pâtée pour l'engraissement mécanique sera claire, elle se composera d'environ 350 grammes de farine pour un litre de liquide, lait et eau.

Unification du type des volailles.

Sous ce titre, un journal belge *l'Echo de l'élevage*, publie un long article, dans lequel il fait surtout ressortir la supériorité de l'élevage tel qu'il est pratiqué en Angleterre.

Nous avons particulièrement remarqué la phrase suivante : « Il est un fait que l'on ne saurait nier : c'est que les Anglais sont nos maîtres en matière d'aviculture ; l'on aurait mauvaise grâce à ne pas vouloir en convenir. »

Nous voulons bien admettre ceci. Oui, tout ce qui nous vient d'Angleterre est parfait, les volailles de Langshan, Dorkings, etc., etc., sont toutes excellentes,

Mais de là à croire qu'il n'y a que les Anglais au monde aptes à perfectionner les races de poules, il y a trop de distance, et cet argument ne saurait trouver place auprès des éleveurs sérieux. Nous possédons les meilleures races de volailles qui existent, mais, le malheur, le grand malheur, c'est que nous ne sommes pas Anglais. En France, on accepte avec une complaisance malheureuse tout ce qui nous vient d'outre-

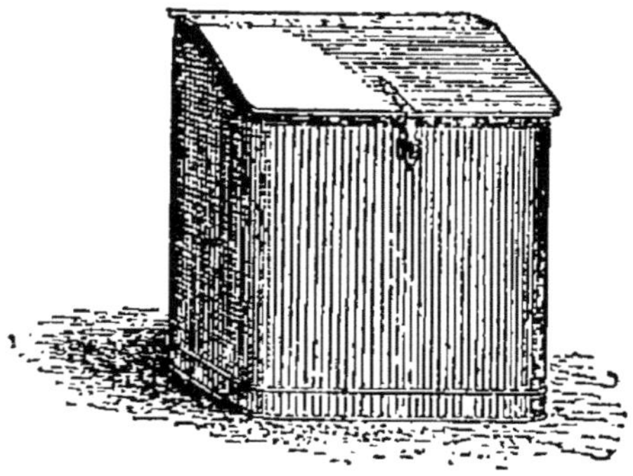

Fig. 7. — Trémie pour la conservation des grains.

Manche comme supérieur à ce que nous avons chez nous.

Voilà pourtant des errements suivis depuis quelques années et nous patronons toutes les volailles qui sont d'origine étrangère. Quand on a dit Leghorn, Wyandottes, etc., on a tout dit et cependant nos volailles peuvent très avantageusement supporter la comparaison avec ces races.

Qu'est-ce que la Leghorn ? une race ni précieuse, ni recommandable, qui n'a d'autres mérites que sa ponte abondante. A part cela elle est petite, sa chair est détestable et elle est d'un vilain aspect. Et cependant les Italiens et les Anglais ont trouvé le moyen d'en inonder nos campagnes à un tel point que notre bonne poule de ferme est aujourd'hui à peu près perdue.

Il est étonnant de voir nos principaux aviculteurs s'acharner à perfectionner des races étrangères et laisser les nôtres dans l'abandon.

Que les Anglais s'occupent de leurs volailles, soit; mais qu'ils ne touchent donc pas à celles qu'ils n'ont pas créées.

Si par hasard ils s'occupent de nos belles volailles sous prétexte de les perfectionner, ils le font en détruisant les qualités existantes, par des croisements sans valeur et qui ne font que leur enlever tout mérite. Telle la fameuse variété de Houdan Anglais, dont on s'est plu à nous montrer quelques spécimens à plusieurs de nos concours; on prétendait qu'elle valait mieux que notre vraie Houdan, qu'elle était plus forte, etc., etc.

Mais voilà, si d'un côté on avait donné du volume, d'un autre on avait diminué la fertilité et la précocité, et on avait alourdi les formes gracieuses des poules de Houdan. Heureusement je ne crois pas que cette fameuse variété surpasse un jour notre Houdan, bien loin de là, et j'ose espérer qu'elle rentrera dans l'obscurité d'où elle n'aurait jamais dû sortir.

Appliquons-nous donc à améliorer les éléments que nous possédons par une sélection intelligente et raisonnée, et rangeons-nous toujours à ce sage précepte :

« Ce qui est le meilleur est ce qui vient chez nous. »

La consanguinité et l'albinisme.

Voici deux graves sujets qui ont été maintes et maintes fois discutés. Comment se fait-il, se demande-t-on généralement, que des volailles, tenues en parquets bien fermés et n'ayant aucun contact avec d'autres espèces, dégénèrent quelquefois au point de perdre complètement le plumage caractéristique de la race.

Nous allons donner notre avis à ce sujet, et citer un cas que nous avons constaté chez nous.

Nous avions, dans un parquet, un coq et sept poules de la race Padoue chamois, sujets magnifiques ; les poules provenaient d'œufs mis en incubation chez nous ; quant au coq, nous l'avions acheté à un grand concours de volailles. Avant qu'il fut introduit dans notre parquet, tout allait bien et nos volailles nous donnaient des produits magnifiques, des sujets de concours. Le coq, nous l'avouons en toute sincérité, était une splendide bête, possédant tous les caractères de la race.

Il est de règle chez nous, de marquer au crayon, et

aussitôt qu'ils sont recueillis, les œufs des différentes races que nous élevons. Or, jugez de notre étonnement en voyant que les œufs de padoue chamois nous donnaient des poussins padoue dorés.

Fort intrigués, nous mîmes tous les sujets dans un parquet spécial et nous ne fûmes pas peu surpris de constater que nous avions fabriqués une race : les volailles avaient le fond du plumage chamois et la plume au lieu d'être bordée de blanc était bordée de noir.

Sûrement notre coq avait eu parmi ses ancêtres un certain coq padoue doré, et cependant il représentait bien en tous points la pureté de race du chamois ; quant aux poules, elles étaient absolument de race pure.

En présence de ce fait nous nous rangeons à l'avis de M. E. Lemoine, notre sympathique président de la société d'Aviculture qui prétend qu'un seul croisement peut influer sur les générations futures.

Il est des races cependant qui dégénèrent très peu : telles sont la Bresse, la Campine, etc. Il en est d'autres comme le Cochinchinois, le Brahma et le Padoue, qui dégénèrent très rapidement.

Mais il est établi que le blanc, lorsqu'il apparaît chez un animal d'autre couleur, est un signe incontestable de la dégénérescence de la race ou de la consanguinité poussée à l'excès ; si l'on n'y remédie au plus vite, le troupeau tout entier tournera bientôt au blanc.

On en acquerra la preuve facilement ; il suffira d'arracher quelques plumes à une poule, et on verra que celles qui repoussent sont blanches.

Aussitôt que l'on aperçoit du blanc dans la livrée d'une volaille de couleur, il faut introduire dans le parquet, un coq de race, mais absolument pur et on réussira peut-être à enrayer le mal.

A notre avis, il faut, pour éviter ces désagréments de l'élevage, renouveler le plus possible le sang de la race que l'on tient à conserver pure ; c'est le seul moyen, peu coûteux d'ailleurs, à conseiller aux amateurs qui ne veulent pas voir dégénérer leurs volailles. Il s'impose surtout pour les races de luxe.

La quarantaine.

La quarantaine est indispensable à tout éleveur soucieux de conserver la pureté de races des sujets qu'il élève.

C'est un poulailler à séparation. Dans le précédent chapitre, nous avons vu, combien il est important de n'introduire dans la basse-cour que des sujets irréprochables. Sans cette précaution, les éléments existant chez les volailles que l'on possède seraient bientôt détruits par la fusion du sang du nouveau venu.

Un examen minutieux est donc nécessaire, nous dirons mieux, il s'impose.

Souvent on trouve, chez des éleveurs, des sujets

magnifiques et présentant des caractères distinctifs et précis de la race à laquelle ils appartiennent. Vite, alors, on introduit ces sujets dans la basse-cour, et au lieu de constater de l'amélioration on s'aperçoit avec stupeur et trop tard que la race est perdue.

C'est ce qui nous est arrivé à nous et la leçon nous a profité.

La quarantaine est aussi nécessaire, pour y placer les coqs épuisés, comme il y en a si souvent dans les basses-cours, et qui, si on n'y prenait garde, périraient rapidement. Après un court séjour dans la quarantaine les coqs ainsi maltraités vont reprendre leur place dans la basse-cour au milieu de leur sérail.

Le coq, abandonné à lui-même, s'efforce de suffire à toutes ses poules et si la proportion de ses poules est trop forte, le sultan s'épuise rapidement.

C'est ce qu'a si bien compris M. Lemoine, de Crosne, lui qui le premier a eu l'idée de créer une quarantaine, l'honneur lui en revient tout entier.

LES RACES DE POULES

De tous les oiseaux de basse-cour, le coq et la poule sont ceux qui méritent le plus de fixer l'attention.

L'origine des races de poules se perd dans la nuit des temps, aussi ce serait perdre son temps, que de prétendre arriver à découvrir la date exacte de l'acclimatation du coq et de la poule.

Du temps de nos pères les Gaulois, le coq vivait déjà à l'état domestique dans les villages ; ceci nous suffit pour savoir que l'acclimatation du coq est très ancienne.

Du reste peu importe à l'aviculteur de connaître exactement l'époque de la domestication des coqs et poules.

L'important est d'avoir quelques données sur les races existantes actuellement et que l'on élève constamment chez nous.

La France est le pays du monde, où il y a le plus de belles volailles. Aussi avons-nous fait une division spéciale des races françaises.

Nous commencerons les descriptions de nos belles races par celle qui nous semble être la mère de toutes les autres, la souche primitive des nombreuses races qui font l'honneur de notre pays.

RACES FRANÇAISES

Race des Ardennes.

A l'heure actuelle, on ne pourrait trouver dans n'importe quelle contrée de la France des spécimens de volailles se rapprochant de notre vieille race gauloise.

A peine si dans quelques basses-cours de ferme, certains coqs, à la livrée écarlate, donnent-ils une idée vague de ce qu'a pu être le coq gaulois au plumage magnifique.

Cependant il nous reste encore une race en France qui s'est conservée pure malgré les années, et qui ressemble en tout point à notre race gauloise. Ces volailles appelées communément race des Ardennes, probablement parce qu'elles se trouvent dans une pro- portion beaucoup plus grande dans ce département, que dans les autres présentent toutes les qualités qu'il faut rechercher dans une bonne volaille de ferme.

La taille du coq des Ardennes est un peu au-dessous de la moyenne. Sa livrée est magnifique ; le camail, le dos et les lancettes du dos sont de couleur rouge orangé devenant de plus en plus foncée lorsqu'elle approche de la queue.

Les grandes couvertures sont noires à reflets métal- liques. Le plastron, la queue et les faucilles d'un beau noir brillant avec de nombreux reflets verts. La crête est droite simple et régulièrement dentelée. Les oreillons petits et blancs. Les barbillons longs.

La poule est bonne pondeuse et bonne éleveuse ; sa tête est plus petite que celle du coq, la crête est pliée

Fig. 8. — Race des Ardennes.

au lieu d'être droite, et retombe gracieusement sur un des côtés de la tête, l'œil est grand ; en un mot, tout l'ensemble est gracieux. Le plumage de la poule rappelle celui de la perdrix. Ces oiseaux sont d'une rusticité à toute épreuve, ils prennent facilement la graisse. La chair est blanche, fine et délicate.

Comme on le voit, cette race est des plus belles et des plus productives. Les poussins s'élèvent rapidement et fournissent de bonne heure des poulets très délicats.

On rencontre dans le département des Ardennes une variété à plumage argenté. La livrée du coq est encore plus belle que celle du coq doré ; il serait à souhaiter que cette variété soit bientôt classée sur les catalogues d'expositions et que des amateurs sérieux s'occupent de son élevage.

Le coq des Ardennes argenté a le camail, le dos et les lancettes blanc d'argent, la poitrine et le ventre bleu foncé, les grandes couvertures des ailes noir d'ivoire, la queue noire à reflets verts.

La tête, la crête, les oreillons et les barbillons sont les mêmes que dans la variété précédente.

La poule argentée a le plumage brun très pâle, le camail brun foncé, la queue noire.

Les pattes grises comme dans la variété dorée, et munies de quatre doigts.

Les œufs des poules des Ardennes sont blancs et pèsent le poids relativement énorme de 75 à 80 grammes.

Depuis quelques années, nous élevons les deux variétés de cette belle race, et nous nous proposons sous peu de soumettre quelques-uns de nos sujets, des deux variétés, à la Société nationale d'aviculture de France.

La race de combat du Nord.

Qu'il est beau notre grand combattant du nord, quand il se redresse fièrement sur ses fortes pattes ! Sa prestance est véritablement admirable, j'irai même jusqu'à dire, sans crainte d'être démenti, qu'il est supérieur comme forme et comme aspect aux combattants anglais, si jolis pourtant.

Qu'il est beau notre grand combattant du Nord !

Et cependant son élevage n'est pas aussi étendu qu'il devrait l'être ; à peine quelques amateurs du Nord et de la Belgique se sont-ils voués avec ardeur à l'élevage de cette race splendide.

Comme combattant, il est invincible; des expériences auxquelles nous nous sommes livrés et dont nous donnerons les résultats plus loin, nous ont démontré que notre race de combattant est une des plus vigoureuses parmi toutes celles connues.

C'est en vain que nous lui avons opposé des Anglais, des Bruges ou des Américains, il les a tous battus.

Aussi c'est avec tristesse que nous constatons que l'élevage de cette race est si délaissé par les amateurs français, qui auraient cependant une race excessivement rustique et pondeuse, en même temps qu'ils pourraient se vanter d'avoir dans leur basse-cour les invincibles champions français.

La race de combat du Nord est beaucoup plus

ancienne qu'on le croit, et c'est à tort que l'on se figure que cette race a été créée il y a quelques années à peine. C'est au contraire depuis les temps

Fig. 9. — Race de combat du Nord.

plus reculés que le combattant du nord existe. Il était très connu dans l'ancienne Gaule belgique, et depuis il est resté ce qu'il était au début, sans diminution ni sans augmentation de taille ou de poids. Mais il se fait de plus en plus rare, et si l'on n'y prend garde, cette race sans rivale sera bientôt perdue.

Leur richesse de plumage surpasse celle de toutes les races connues, l'or, l'écarlate et l'émeraude s'assemblent en tons chauds et harmonieux. Le grand combattant du Nord a quelque chose du vieux coq gaulois, son œil de feu, sa robuste poitrine, ses fortes pattes, tout en lui rappelle ce vieux champion.

Les pattes du combattant du Nord sont de couleur jaune. Ses formes sont beaucoup plus harmonieuses que celles du coq anglais.

A notre avis, c'est de notre coq combattant du nord que descend le combattant anglais. La race ayant été introduite en Angleterre avec les armées de César s'y est multipliée, et les Anglais, en gens pratiques qu'ils sont, à force de croisements continus sont parvenus à créer deux variétés distinctes de combattants auxquelles ils ont donné leur nom.

Mais la souche primitive nous reste : elle est chez nous et nous devons dépenser tout notre temps à la perfectionner par une patiente sélection.

Depuis quelques années, comme nous le disions plus haut, d'habiles praticiens se sont mis à l'œuvre et ont concouru au même but : relever le prestige de nos grands combattants.

Nous en avons plusieurs variétés bien distinctes; attachons-nous donc à les sélectionner, et bientôt nos combattants redeviendront ce qu'ils auraient toujours dû être, la première race du monde.

On ne saurait trop louer les aviculteurs convaincus, tel que M. Cliquenois, qui lutte pour amener le combattant du nord au premier rang des races gallines. C'est faire œuvre d'éleveur habile d'abord et de patriote ensuite.

Les Anglais eux-mêmes seront bientôt amenés à constater la supériorité de nos volailles, car il ne faut pas oublier, que depuis que le combattant du nord semble revenir en vogue et sortir de l'oubli, nos voisins d'outre-Manche en introduisent chez eux pour renouveler le sang des leurs et les amener ainsi à lutter avec succès contre nos grands combattants.

Pourquoi les Anglais cherchent-ils à faire prendre chez nous les combattants Claiborns et Philenas qui, disent-ils, nous viennent d'Amérique? C'est dans le seul but de porter préjudice à notre excellente race. Aviculteurs français, travaillons avec ardeur, et bientôt le prix d'honneur de tous les concours sera délivré à nos grands combattants.

Race de Houdan.

La race de Houdan tire son nom d'une petite ville de Seine-et-Oise; elle est très rustique, et depuis longtemps ses hautes qualités la font rechercher par tous les éleveurs.

La livrée du Houdan est inégalement cailloutée de blanc et de noir, il porte sur la tête une huppe retombant gracieusement sur le derrière et sur les côtés. La crête présente l'aspect de deux feuilles de chênes reliées entre elles à la base et écartées au sommet. Les barbillons sont petits, cachés sous les plumes, les oreillons petits et blancs.

Fig. 10. — Tête de coq de Houdan.

La patte est rosée, avec des taches grises, les doigts sont forts et au nombre de cinq.

Chez la poule, la crête est beaucoup plus petite que chez le coq tout en conservant la même forme.

La huppe au contraire est plus massive, plus forte et plus formée. Les barbillons sont rudimentaires.

Les Houdans ont le squelette très léger, la viande

est fine et excessivement délicate. Mis à l'engraissement, les poulets atteignent un poids relativement énorme.

On ne devra admettre dans la livrée des houdans aucune plume ou lancette jaune ou rouge. Les plumes devront être indifféremment blanches ou noires.

Les poules sont des pondeuses excellentes ; les œufs atteignent le poids de 75 grammes.

Une des particularités de la Houdan est son épaisse cravate et ses favoris touffus.

En somme, c'est une race très recommandable, et les aviculteurs qui la cultiveront ne seront pas déçus de leurs espérances.

Race de Crèvecœur.

Crèvecœur est une petite commune de la Normandie.

Le village de Crèvecœur a donné naissance à une des plus belles de toutes les races de poules. La race de Crèvecœur est tout aussi recommandable que la précédente, sa rusticité est un peu moins grande mais elle rachète cela par deux qualités qui ont leur valeur.

D'abord les sujets sont plus volumineux que les Houdans, le squelette est plus léger et la chair encore plus fine.

Les poulets de Crèvecœur ont de tout temps été

recherchés sur les marchés de Paris, où ils atteignent un prix très élevé.

Les volailles de Crèvecœur sont de formes carrées et trapues.

Fig. 11. — Race de Crèvecœur.

Le plumage est entièrement noir, on ne devra tolérer aucune plume d'autre couleur, sauf dans la huppe qu'il est presque impossible d'obtenir sans blanc.

La huppe des Crèvecœur est encore plus volumi-

neuse que celles des Houdans. Les pattes sont fortes
et grises et n'ont que quatre doigts.

Les poules sont bonnes pondeuses, les œufs très
gros atteignent le poids de 85 grammes.

On connaît une variété de Crèvecœur blancs qui
est beaucoup moins rustique que la race noire.

Le Crèvecœur aime l'espace et la liberté. Il aime les
grands prés lui rappelant les magnifiques pâturages
de son pays d'origine.

Race de la Flèche.

La race de la Flèche est une des plus anciennes de
nos races françaises. Elle est forte et volumineuse.
Les poules de la Flèche sont un peu moins rustiques
que celles des races précédentes; leur développement
est moins précoce.

Les poulets la Flèche ont aussi une chair excessivement fine et délicate. Ils fournissent les chapons et poulardes si renommés du Mans et de la Flèche; ils
atteignent un prix très élevé sur tous les marchés. Le
coq de la Flèche est très haut sur pattes, la livrée est
noire chez le coq comme chez la poule, la crête est
formée de deux petites cornes rouges d'un effet très
saisissant. La poule est un peu plus basse sur pattes
que le coq. Elle nous donne des œufs très gros et en
très grande quantité.

Le principal inconvénient de l'élevage des la Flèche

est leur non-précocité; alors que les autres races françaises nous fournissent des poulets de leur grosseur et
prêts à être engraissés à l'âge de trois mois, il faut
sept mois aux poulets de la Flèche pour arriver à
cette grosseur.

Race du Mans.

La race du Mans a beaucoup d'analogie avec la précédente, le corps, la tête conserve la même forme que
dans la race de la Flèche. La crête diffère en ce qu'elle
est très épaisse et granulée, plus charnue vers le bec
que sur le derrière de la tête où elle se termine en
pointe. La chair de cette race est fine et délicate. La
poule pond dans les mêmes proportions que la précédente. Ces deux races ont une origine commune.

Race de La Bresse.

La race de la Bresse est originaire de la contrée qui
porte ce nom. C'est une ravissante petite volaille, très
rustique et d'un grand rapport. La taille des volailles
de la Bresse est un peu au-dessous de la moyenne
Les sujets ont une chair excessivement fine, et les
poulardes de la Bresse sont justement renommées
partout. La poule est d'une fécondité incomparable,
elle nous donne jusqu'à 160 à 200 œufs par an, les
œufs sont très gros et d'une belle couleur blanche.

Les la Bresse ont les pattes noires munies de quatre
doigts. On connaît trois variétés de volailles de la Bresse

Fig. 12. — Race de La Bresse.

qui sont la variété noire de Bourg, la variété grise de
Louhans et enfin la variété blanche de Beni-Marboz.

Le coq de la variété noire a une magnifique livrée
noire bleu à reflets d'acier, les grandes faucilles de la

queue ont des reflets verts du plus bel effet. La crête est haute, fine et droite régulièrement dentelée, les oreillons grands et blancs, les barbillons longs.

Dans la variété grise, le coq a le camail et le dos blanc, le plastron gris rayé de noir, les grandes couvertures grises et les faucilles de la queue gris blanc rayées de gris foncé.

La variété blanche de Beni-Marboz est la plus forte et une des plus productives de l'espèce. Le coq est un splendide oiseau, au plumage entièrement blanc d'argent, la crête d'un beau rouge, et les pattes d'un gris très foncé tranchent agréablement sur cette riche livrée.

Les poules de la variété blanche sont encore plus productives que celles des autres variétés.

En somme, excellente race et qui mérite d'être très répandue.

Race de Barbezieux.

La race de Barbezieux a beaucoup d'analogie avec la précédente, la seule différence est que les Barbezieux sont un peu supérieurs au point de vue de la taille à leurs aînés les Bresses.

On ne cultive avec rapport que le Barbezieux noir.

Race de Gournay ou de Mantes.

La race de Gournay est une normande, habituée à l'espace et la liberté. Elle peut donner de bons produits. Les poussins de cette race s'élèvent rapidement les sujets prennent facilement la graisse. La poule est bonne pondeuse. La livrée du coq se compose de plumes noires et de plumes blanches inégalement mélangées. La crête est haute, droite et bien dentelée. Les pattes grises et munies de quatre doigts. Plusieurs éleveurs se sont particulièrement occupés de cette race qui prend indifféremment le nom de Gournay et de Mantes.

Race coucou de Rennes.

Les volailles Coucous de Rennes sont très rustiques. Elles sont très répandues dans l'Ille-et-Vilaine. Les poussins s'élèvent bien, les poules pondent de très bonne heure. A l'âge de trois mois les poulets peuvent être engraissés et constituent de fort beaux rôtis.

Un éleveur intelligent, M. Maré, s'est occupé spécialement de l'élevage de cette race ; il serait heureux qu'il soit suivi dans la bonne voie par beaucoup d'aviculteurs, car cette volaille mérite d'être cultivée.

Nous pourrions mentionner encore ici de nombreuses races et variétés de volailles qui ont eu pour

berceau notre belle France. Nous nous en tenons cependant aux quelques descriptions que nous avons
données des races qui méritent le plus de forcer l'attention des éleveurs. Comme nous le disions dans la préface
de ce volume, nous n'avons pas l'intention d'offrir au
lecteur une monographie complète des races existantes,
nous contentant de donner quelques renseignements
sur les principales[1].

Nous allons maintenant passer en revue les principales races étrangères, celles qui méritent qu'on
s'occupe d'elles et dont on peut tirer profit.

LES RACES DE COMBAT

Nous nous sommes souvent demandé quelle était
la race de combat la plus forte et la plus vaillante
pour soutenir une lutte à outrance. Depuis longtemps,

---

[1] De nombreux ouvrages ont été écrits sur les races de poules ;
il y en a d'excellents que nous recommandons de toutes nos
forces aux aviculteurs.

L'Elevage moderne des animaux de basse-cour, par Brechemin. Paris, Dentu, éditeur, 1894.

La basse-cour, Pigeons et Lapins, par de la Blanchère.
Delarue, éditeur, Paris.

Elevage des animaux de basses-cours, par Lemoins. (Masson,
Paris.)

cette question nous préoccupait et c'est avec plaisir que nous donnons ici les résultats de nos essais.

Vers le mois de mai 1892, nous reçûmes d'un de nos amis un magnifique couple de grands combattants anglais dorés. C'étaient de splendides sujets qui avaient obtenus différents prix dans les grands concours d'aviculture.

Il nous vint alors à l'idée d'organiser chez nous des combats de coqs, entre des coqs de Bruges, anglais et français du Nord.

Le premier combat eut lieu entre un grand coq de Bruges noir et le coq combattant anglais dont nous parlons plus haut. Les bêtes furent mises en présence (mais sans aucune espèce d'éperons artificiels).

A peine le coq anglais vit-il son rival, qu'il se mit à pousser un formidable cocorico, en hérissant ses plumes, puis grattant la terre et s'approchant petit à petit du coq de Bruges, il avait l'air de le défier, non sans répéter plusieurs fois son cri de guerre. Quant à l'attitude du bruges, quel contraste ! Solidement posé sur ses fortes pattes, il ne bougeait pas, ne perdant pas son adversaire de vue et semblait méditer un grand coup.

Le choc fut terrible ; l'anglais se précipita sur le bruges et le fit rouler sur le sol, tout en allant retomber à un mètre plus loin ; là il voulut encore une fois chanter pour célébrer sa victoire, mais il n'en eut pas le temps, le bruges s'était relevé et d'un seul bond arrivant sur son adversaire, il lui traversa la tête d'un coup d'éperon.

Le combat n'avait pas été long, le coq anglais avait vécu ! Quant au coq de Bruges, il célébra de suite sa victoire par un cocorico grave et prolongé.

Le second combat, beaucoup plus intéressant que le premier, eut lieu le lendemain entre un coq grand combattant français et un combattant anglais duck-winged.

Aussitôt mis en présence, les deux adversaires tombèrent en garde et se rapprochèrent peu à peu, se défiant du regard. Le combat fut long et beaucoup plus intéressant, nous le répétons, que celui de la veille. Les deux champions semblaient avoir chacun leur botte secrète et, se ruant l'un sur l'autre avec furie, arrivaient toujours à la parade. A la fin cependant, exténués de fatigue, ils s'élancèrent l'un sur l'autre et allèrent rouler chacun de leur côté par la violence du choc.

L'anglais se releva le premier, et, profitant de ce que son adversaire était encore couché, tomba sur lui à coups d'éperons. Mais il avait été vu par le champion français qui se renversant sur le dos, envoya ses deux coups d'éperons en même temps et déchira au passage la peau du ventre du combattant anglais. Celui-ci, fou de douleur, se retira un instant, pour revenir à la charge plus terrible que jamais. Mais le coq français s'était relevé. Alors eut lieu un combat acharné, le coq anglais parvint à crever un œil au coq français, et tous les deux, ruisselant de sang et toujours se battant avec rage, nous semblaient deux géants se battant pour leur patrie.

Enfin par un habile coup de maître, le combattant français parvint à se rendre maître de son adversaire en lui traversant le jabot. Nous nous précipitâmes pour soigner les deux combattants, trop tard ! L'anglais avait vécu. La lutte avait été chaude, mais le coq anglais s'était vaillamment défendu.

De ces deux expériences il nous reste à dire :

Que dans le premier combat, les coqs étaient de même grosseur. Que dans le second, le français était beaucoup moins grand que l'anglais, que le français, avec son œil crevé, était beaucoup moins sûr de ses coups que son adversaire. Et que, enfin, le coq français n'était âgé que d'un an et presque sans éperons, tandis que son adversaire en avait de très longs et tranchants.

A notre avis donc les combattants français et les combattants de Bruges ayant une origine commune triompheront toujours des combattants anglais.

Nous aurions été heureux de faire aussi des expériences avec des combattants américains, mais à cette époque nous n'en possédions pas.

Nous nous rangeons donc à l'avis de M. Clecquenois sur les combattants de Bruges, mais nous assurons aussi que notre combattant français, dans un combat, sans éperons artificiels, ne connaît pas de rivaux.

RACES ÉTRANGÈRES DIVERSES

Lhassa.

Il y a quelques années, nous apprenions qu'un naturaliste explorateur venant d'Algérie avait importé en France une race de volailles magnifique et tout à fait nouvelle. Ces volailles avait été données à **M. X...**, personne de notre connaissance qui se livre plutôt au jardinage qu'à l'élevage des volailles.

M. X... n'attachait pas beaucoup d'importance à cette race ; pour lui, c'étaient des poules, peu lui importait leur origine ; ce qu'il cherchait surtout c'était d'avoir des volailles lui donnant beaucoup d'œufs.

Nous nous rendîmes donc chez M. X..., qui eut l'obligeance de nous céder quelques œufs que nous mîmes couver à l'instant.

Les œufs donnèrent naissance à onze poussins très vigoureux ; nous eûmes le bonheur de n'en perdre aucun, ce qui fait qu'en 1892 nous avions 3 coqs et 8 poules excessivement purs de la race en question.

Disons ici que M. X... appelait ces volailles « poules

de Lhassa ». Pourquoi Lhassa ? C'est ce qu'il ne put
nous expliquer.

M. Z..., le naturaliste dont il est question plus haut,

Fig. 13. — Tête de coq de Lhassa.

en offrant ces volailles à M. X..., lui avait dit que
c'était des Lhassa, et M. X... s'était contenté de cet
argument.

Or, Lhassa est une ville de l'empire Chinois et voi-

sine des monts Langshan, dont on le sait est originaire la magnifique race qui porte ce nom.

De deux choses l'une, ou les volailles ne venaient
pas d'Algérie, ou, si elles en venaient elles n'en étaient
pas originaires. C'est ce que M. X... ne put nous
expliquer.

Nous aurions cependant bien voulu avoir des données
exactes sur le berceau de cette nouvelle race dont
nous faisons la description plus loin, car elle est véritablement digne de l'attention des éleveurs.

M. X... nous a promis qu'il écrirait à M. Z... pour
lui soumettre notre demande ; mais jusqu'ici nous
n'avons reçu aucune nouvelle.

La race de Lhassa est encore plus forte que sa
voisine la langshan. Le coq porte gaillardement une
crête grande et droite, régulièrement dentelée ; la
poule porte la crête beaucoup plus petite.

La poitrine est large, les membres forts, les ailes
un peu moins longues que chez la langshan. De ce
côté la race semble plutôt se rapprocher de la cochinchinoise.

Les pattes sont roses et très fortes ; elles sont
munies de quatre doigts.

Les tarses sont emplumés du haut en bas ; en outre
les volailles sont munies d'amples manchettes.

La chair est blanche, fine et savoureuse.

Le plumage est blanc et noir, mais les couleurs
sont mieux réparties que dans la livrée du houdan.

La tête est forte, l'œil grand, l'iris jaune, les oreillons sont rouges, sablés de blanc, les barbillons rouges et longs.

M. le docteur A. Maar, de Coupure (Gand, Belgique), après avoir essayé cette race l'a recommandée dans un grand nombre de journaux allemands.

Depuis ce jour, nous avons reçu nombreuses demandes d'œufs et de volailles venant d'Allemagne, de Belgique et de France.

Quant à nous, nous trouvons cette race parfaite sous tous les rapports.

La ponte est très abondante, les œufs très gros (80 grammes) et blancs.

Les poules de Lhassa ne sont pas acharnées pour couver comme les cochinchinoises et les langshan.

A trois mois, les lhassa sont presque adultes ; c'est cette grande précocité qui nous a surtout étonné chez une race exotique.

Quoique la race de Lhassa ne soit pas encore officiellement reconnue, nous nous proposons de la présenter sous peu à la Société nationale d'aviculture de France avec des détails très complets. Il est à souhaiter que cette race se propage rapidement.

Race de Langshan.

La race de Langshan, comme la précédente, est originaire de la Chine. C'est une race très précieuse et dont l'élevage peut procurer de sérieux bénéfices.

La livrée du langshan est noire à reflets verts. Le corps est volumineux, quoique plus élancé que celui des autres races asiatiques. Les volailles de Langshan

Fig. 14. — Race cochinchinoise.

atteignent le poids de 4 à 5 kilogrammes, leur chair est assez délicate mais l'élevage est difficile. Les poules sont bonnes pondeuses, bonnes couveuses et bonnes mères.

Les pattes des volailles de Langshan sont emplumées du haut en bas, elles sont de couleur noire, les cuisses sont fortes.

En somme, bonne race de rapport.

Races de Cochinchine et de Brahma.

Nous ne citerons ici que pour mémoire ces deux races énormes. Leur élevage ne présentant pas de sérieux bénéfices.

Les cochinchinois et les brahma sont de grands fabricants de viande. Ils atteignent le poids énorme de 6 à 7 kilogrammes ; mais la chair est très médiocre. Elles ne peuvent donc pas se ranger parmi les races de produit.

En outre, l'élevage de ces volailles est très difficile, elles sont très délicates et le moindre changement subit de température leur est funeste. C'est donc une race qui n'a de valeur que pour les parquets d'amateurs.

Race de Campine (race belge).

Cette race, originaire de la Campine belge, est très rustique ; elle a été appelée à juste titre : poule pond tous les jours.

Sa fécondité incomparable et sa chair exquise la font placer au premier rang parmi les races de ferme.

Les volailles de Campine sont vagabondes, c'est un défaut pour l'éleveur amateur : c'est une qualité pour le fermier.

La livrée des campine est magnifique ; le fond du plumage est blanc, allant en s'assombrissant sur le dos, les plumes sont crayonnées de lignes noires très fines. Cette disposition du plumage est très jolie, on dirait que la campine a toujours sa robe de dentelle.

Le coq a de longues faucilles noires formant un superbe panache.

La crête est haute et droite. chez le coq ; repliée sur un des côtés de la tête chez la poule. Les oreillons sont blanc bleuté, les barbillons rouges vif et longs.

Les poules de Campine sont très bonnes mères, elles conduisent admirablement leurs poussins.

Comme nous le disons plus haut, cette race est d'une fécondité incomparable, elle pond jusqu'à 200 à 250 œufs par an, les œufs sont de grosseur moyenne.

Les poussins de Campine s'élèvent rapidement.

Il y a une variété à crête triple, mais qui est moins estimée que la véritable race.

Races de Padoue.

Fidèles au but que nous nous étions imposés, de ne parler que des races de produit, nous ne devrions pas toucher un mot de la race de Padoue.

Mais cette race est si jolie, si gracieuse, si exquise

en un mot, qu'elle nous oblige à ne pas la passer entièrement sous silence.

C'est la race huppée par excellence.

La race de Padoue, suivant quelques auteurs, est originaire de la Pologne, suivant d'autres de la Hollande. Nous ne chercherons pas à définir exactement le lieu d'origine de cette belle race ; nous constatons simplement que c'est la plus jolie et la plus merveilleuse de toutes les volailles connues.

La livrée des coqs de Padoue est aussi riche en son genre que celle des faisans dorés.

On connaît sept variétés de Padoue qui sont :

La variété *dorée* :

Le coq a les plumes du camail, du dos et les lancettes de la queue rouge acajou, le devant de la poitrine brun, les couvertures des ailes rouges. En outre toutes les plumes, sauf les lancettes, sont bordées d'une ligne noire à reflets verts. La huppe est formée de plumes longues et fines, retombant également sur le devant, les côtés et le derrière de la tête. Une épaisse cravate, formée de petites plumes noires, existe sous le bec et des deux côtés des joues.

La crête et les barbillons sont presque nuls.

La poule ressemble beaucoup au coq comme plumage ; toutefois sa livrée est moins brillante et moins riche.

La variété *argentée* :

Le coq a les plumes du camail, du dos et les lan-

cettes de couleur blanc d'argent. Les plumes du plastron, du ventre, les couvertures des ailes sont blanches
bordées d'un liséré noir très brillant et très nettement
formé. La huppe aussi volumineuse que celle du coq

Fig. 15. — Race de Padoue.

doré est blanche, la cravate et les favoris blancs et
noirs.

. Les poules ont le fond du plumage blanc, les plumes
sont également bordées de noir. La huppe des poules
est moins volumineuse que celle des coqs tout en
étant plus épaisse et plus compacte.

La variété *chamois* :

Le coq a les plumes du camail, du dos et les lancettes de couleur chamois clair. Les plumes du plastron, du ventre, les couvertures des ailes sont chamois foncé, bordé d'un liséré chamois clair.

La huppe, les favoris et la cravate aussi développés que dans la variété précédente.

La poule a le plumage chamois foncé, toutes les plumes sont bordées de chamois clair. Par exception à la race, cette poule est bonne couveuse.

La variété *blanche* : livrée entièrement blanche.

La variété *noire* : livrée entièrement noire.

La variété *hermine* :

Le coq a les lancettes du cou blanches, présentant à leur extrémité une tache noire, les grandes faucilles de la queue sont blanches, tachées de noir à leur extrémité.

Il existe aussi une variété *coucou* :

On doit toujours observer la régularité du plumage. Chez les coqs, toutes les plumes sauf le camail et les lancettes doivent être bordées, y compris les grandes faucilles.

Race red-cap (chaperon rouge)

Cette très intéressante race avait conquis autrefois une vogue bien méritée et était très répandue surtout en Angleterre. Aujourd'hui elle a entièrement disparu

de nos basses-cours devant l'invasion de toutes sortes
de races métisses qui, à côté des innombrables qualités
que des personnes intéressées leur attribuent, présentent bien des défauts, tandis que le chaperon rouge
(cette ancienne et excellente race) à l'état pur, vaut
cent races prétendues bonnes et nouvelles comme
celles dont les Américains inondent notre pays.

Le chaperon rouge joint à la beauté d'une poule de
luxe rare des qualités incomparables, et si les auteurs
modernes n'en parlent pas, par contre tous les auteurs
anciens en parlent dans les termes les plus élogieux
et les plus mérités, lui attribuant, avec raison, beaucoup de qualités et peu de défauts.

Effectivement le chaperon rouge est la plus forte
pondeuse du monde ; elle ne couve pas, c'est son seul
défaut (si c'en est un), mais elle l'a porté au plus
haut point.

De bien plus forte taille que sa congénère, la hambourg, elle pond de plus gros œufs, sa chair est
blanche, fine et très délicate. Elle est vive, alerte,
rustique et possède au plus haut degré toutes les qualités de la poule de ferme.

Description du coq. — Le coq chaperon rouge est
un splendide oiseau d'un aspect imposant; il a la tête
petite et fine, le bec de longueur moyenne, la crête
extrêmement volumineuse, recouvrant toute la tête,
large et arrondie en avant, pointue en arrière, hérissée
d'un nombre considérable de petites pointes qui dans

Fig. 16. — Coq de Red-Cap.

leur ensemble forment un immense chapeau d'un rouge

vermillon ; les joues sont nues et rouges ; l'œil grand et rouge ; les oreillons très développés, pendants et rouges ; les barbillons longs et pendants, d'un tissu fin et rouge comme la crète ; le cou est enveloppé d'un épais camail de couleur rouge acajou et noir; il a les épaules larges, la poitrine large et proéminente ; les ailes larges et longues ; la queue très développée à grandes et larges faucilles formant un magnifique panache ; les pattes sont nues et de couleur plomb. Son squelette est léger ; il a la chair très fine et délicieuse ; l'allure fière ; il est très vigilant, vaillant, défendant bien ses poules et veillant sans cesse sur elles. Son plumage est acajou et noir. Son poids à l'âge adulte est de 3 kilogrammes à 3 kg. 500.

Description de la poule. — La poule a les mêmes caractères que le coq, mais un peu réduits. Comme le coq, elle est coiffée d'une immense crète rouge, d'où lui vient du reste son nom de Rep-Cap, c'est-à-dire Chapeau-Rouge. Son plumage est acajou et noir et ressemble à celui du coq faisan des bois. La poule chaperon rouge possède de nombreuses qualités qui la rendent entièrement recommandable. Rustique, alerte, vagabonde, elle aime à aller chercher au loin sa nourriture. Peu difficile, elle se contente de tout ce qu'on lui donne. D'une fécondité inouïe, elle pond en abondance, en toutes saisons, de bons et gros œufs d'un goût exquis (jusqu'à 250 par an). A l'âge adulte, la poule pèse de 2 kg. 500 à 3 kilogrammes.

Les poulets sont très faciles à élever et sont d'une
grande précocité à l'engraissement.

M. F. Bizé, d'Agneaux (Manche) de qui nous tenons

Fig. 17. — Poule de Red-Cap.

les détails que nous donnons plus haut, est l'impor-
tateur en France de cette jolie race. Il y a trois
ans, dit-il, que j'ai importé cette race; j'achetai
200 francs mes trois premiers reproducteurs, les

plus beaux sujets d'Angleterre. J'ai étudié la race avec soin avant de l'offrir, je la connais complètement aussi je puis garantir les chaperons rouges ils sont hors ligne et de race authentique et absolument pure, les poussins éclosent tous identiquement pareils.

Allons, tant mieux. Quant à nous, nous ne pouvons que féliciter ce bon éleveur des résultats obtenus et nous souhaitons que ses efforts persévérants soient couronnés de succès.

Race de Leghorn.

La poule de Leghorn est une des plus anciennes du monde. Ces volailles sont gracieuses. La livrée du coq est éclatante.

La poule de Leghorn est une merveilleuse pondeuse, elle atteint comme fécondité la poule de Campine (ou poule pond tous les jours). Les petits poussins de cette race s'élèvent rapidement. Cependant, malgré ces nombreuses qualités, la poule Leghorn a deux défauts des plus grands que l'on puisse reprocher à une volaille. D'abord elle est petite, et, ensuite, sa chair jaune et coriace la fait repousser sur tous les marchés. La poule de Leghorn ne peut donc pas être une poule de ferme ; car une race de ferme doit bien pondre, et posséder une chair tendre et blanche qui permette de vendre les volailles sur les marchés. Or c'est ce que la leghorn ne possède pas, et ce qu'elle ne possédera jamais.

Nous avouons qu'un poulet Leghorn, tué et troussé ferait une triste mine à côté d'un de nos splendides chapons du Mans ou de la Bresse.

Race Italienne.

La poule italienne n'est autre que la poule Leghorn à l'état moins pur. Les Italiens en font un très grand commerce, et, ce commerce est même très dangereux pour les aviculteurs français, qui, s'ils n'y prennent garde, verront bientôt la poule italienne gâter tous leurs plus beaux produits.

Race de Dorking.

Les dorkings sont de bonnes volailles de produit, cependant ils ne peuvent pas passer, non plus, comme race de ferme, car ils ne s'habituent pas à tous les climats et de plus les poussins sont difficiles à élever.

Les dorkings sont aujourd'hui très répandus. Ce sont de forts oiseaux au riche plumage, rappelant celui du coq gaulois, ce qui ferait supposer que dans les temps les plus reculés, ces volailles avaient une origine commune.

La chair des dorkings est blanche, fine et délicate. Les sujets s'engraissent rapidement.

La poule Dorking est bonne pondeuse, ses œufs sont moyens. Les poules sont bonnes couveuses, et bonnes mères.

Il existe beaucoup de variétés de dorkings; les plus connues et les plus belles sont les variétés doré et argenté.

La dorking donnera toujours satisfaction aux amateurs, mais il n'en serait pas de même si on voulait tenter l'élevage industriel de la race.

Sur les marchés de Londres, les poulets Dorkings sont très renommés, on a voulu les faire passer comme supérieurs à nos poulets du Mans. Mais à l'heure actuelle, on est revenu de cet opinion.

La vogue que les dorkings ont eue pendant quelques années, est tombée complètement aujourd'hui, est-ce à déplorer, nous ne le pensons pas, car nous avons chez nous mieux et meilleur à cultiver.

GRANDS COMBATTANTS ÉTRANGERS

Anglais. — Indiens. — Malais.

Le combattant anglais. — Le combattant anglais a bien perdu aujourd'hui, il n'est plus à beaucoup près ce qu'il était autrefois.

Ce n'est plus l'oiseau admirable, aux formes élégantes, au plumage lustré que nous admirions jadis.

Les types actuels sont plus osseux, plus puissants, beaucoup plus élancés mais moins gracieux.

Les éleveurs anglais ne poursuivaient qu'un seul but, but également barbare pour tous ; ils entretenaient la race de combat, avec la seule idée d'avoir des champions pour les batailles de coqs encore si communes en Angleterre.

C'étaient donc les coqs les plus forts et les plus grands sur pattes qui étaient choisis. On laissait totalement de côté les coqs gracieux et qui possédaient tous les caractères de beauté de l'ancienne race.

A force de pratiquer cette sélection, les Anglais sont arrivés à perdre presque complètement leur vieille race dont ils étaient si fiers.

Quoi qu'il en soit, le coq combattant anglais méritait d'être mentionné. C'est un rude champion après tout, et un champion solide.

Le plumage est très compact, les faucilles longues et droites.

La tête du combattant anglais est fine, et a beaucoup de ressemblance avec celle d'un aigle.

Les pattes sont fortes et très longues, l'éperon long et très aigu.

La crête est haute et fine, elle est bien dentelée.

On en connaît un grand nombre de variétés ; les deux plus jolies sont : le combattant doré à ailes de canard (Yellow Duckwing game), le combattant argenté à ailes de canard (Silver Duckwing game).

Les Indiens. — Les combattants Indiens ont beau‑coup d'analogie avec l'ancienne race anglaise. Ce sont de beaux oiseaux, mais ne pouvant pas rivaliser avec nos combattants du Nord.

Les Malais. — Les Malais sont les plus beaux et les plus forts des grands combattants étrangers.

La légèreté des os et la finesse de la chair du ma‑lais le font rechercher comme excellent produit pour la table.

Le coq malais ne ressemble guère aux coqs anglais et indiens, mais il ressemble beaucoup au grand com‑battant français.

Le malais est très rustique et s'acclimate partout. La poule est une excellente pondeuse et une bonne couveuse.

Le coq malais est un formidable champion, qui ne redoute personne.

On connaît plusieurs variétés de malais :

Le malais Brun (Bouge-Brown-Red). C'est la variété la plus belle et qui mérite le plus d'être décrite. Le coq ressemble beaucoup comme livrée au combattant anglais (Black breasted red gane). Le camail, le dos et les lancettes sont rouge acajou brillant. La poitrine noire, quelquefois mélangée de rouge.

Les ailes sont barrées par une ligne noire à reflets métalliques.

Les pattes sont jaunes. La poule a le plumage

presque entièrement rouge acajou foncé avec des parties sombres.

La variété Malais Noir.

La variété Malais Blanc.

Dans la variété noire, le plumage est entièrement noir. Tegetmeyer dit que les malais noirs sont plus cruels que ceux des autres variétés, et qu'ils s'attaquent volontiers aux autres coqs qu'ils terrassent facilement.

Nous arrêtons là nos descriptions de races étrangères. Il en existe pourtant beaucoup d'autres qui méritent d'être décrites, mais nous craindrions, en le faisant de sortir du cadre de cet ouvrage, spécialement réservé à l'élevage des volailles. Nous donnerons cependant une liste des principales races étrangères méritant d'être recommandées.

AUTRES RACES ÉTRANGÈRES RECOMMANDABLES

Race espagnole.

Recommandable pour sa ponte extraordinaire et sa chair excellente. Craint l'humidité. S'acclimate bien dans les pays chauds. Il lui faut l'espace et la liberté. L'élevage est difficile. La livrée est noire.

Hambourg.

Race se rapprochant beaucoup de la race Campine.

Ponte abondante et beaux œufs, chair fine. Elevage facile. La livrée de ces volailles est splendide. Se plaît bien en parquet. Race d'amateur de premier ordre.

Bréda.

Bonne race de volaille, peu répandue mais apte à donner de bons produits en œufs, poussins et en chair.

Coucous de Malines.

Magnifique volaille appelée vulgairement poulets de Bruxelles. Le poids des poulets est énorme. L'élevage est facile. La ponte abondante, les œufs gros et délicats.

Races naines.

Nous nous dispensons de parler des races de volailles naines. Ces petites poules n'étant jamais appelées qu'à rester dans les parquets d'amateurs.

LE POULAILLER

Dans ce chapitre, nous ne parlerons que de l'habitation des poules et coqs.

Le poulailler, comme son nom l'indique, doit être laissé exclusivement à ces oiseaux.

Les canards et les oies auront leur habitation spéciale ; mais jamais on ne devra loger les poules et les oies dans le même bâtiment.

La construction des poulaillers, varie à l'infini d'abord pour les matériaux à employer, ensuite pour la forme et les dispositions à prendre.

Il est évident que pour un poulailler de ferme, les dispositions ne seront pas identiques à celles adoptées pour un poulailler d'amateur ; mais les principes généraux devront rester les mêmes.

Exposition. — La meilleure exposition à adopter est celle du levant ou du midi, afin que les volailles jouissent dès les premières heures du jour des rayons du soleil.

Il ne faut pas négliger surtout cette question de l'exposition des poulaillers, car il est aujourd'hui démontré qu'une exposition convenable est au moins aussi nécessaire, pour la santé des volailles, qu'une nourriture appropriée.

Combien d'élevages, hélas ! se sont-ils coulés pour avoir négligé en premier l'installation de leurs pou-

Fig. 18. — Le poulailler.

laillers et toutes les règles d'hygiène qu'elle comporte.

Quelle que soit la forme adoptée, le poulailler

devra toujours être élevé de terre sur des pieds ou sur des soubassements pour éviter l'humidité.

L'humidité, cette grande ennemie des éleveurs et qui fait tant de mal aux basses-cours!

Le terrain, sur lequel le poulailler sera construit, sera de préférence sablonneux et poreux, car s'il gar-

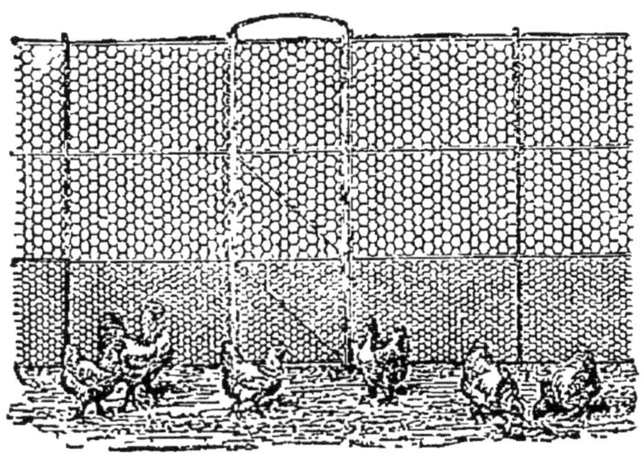

Fig. 19. — Clôture pour parquet.

dait l'eau, ce serait matériellement impossible de conserver les poules en état de propreté.

Ce terrain sera établi en remblai, pour faciliter l'écoulement des eaux de toute nature.

Le poulailler de ferme sera construit le plus économiquement possible. Pour ce faire, on emploiera les matériaux qui coûtent le meilleur marché, suivant les pays où on se trouve.

On pourra employer indifféremment le bois, la terre, la pierre et la brique. Ne pouvant donner une description complète pour tous les matériaux employés, nous nous contentons de donner une description entière d'un poulailler de ferme construit en bois.

La charpente se compose de quatre chevrons fixés en terre, les chevrons devront être enfoncés au moins 0^m,50 en terre, deux d'entre eux auront 2 mètres hors

Fig. 20. — Clôture pour parquet.

du sol et les deux autres 2^m,90 pour obtenir une grande pente du toit afin de favoriser l'écoulement de l'eau. Les quatres chevrons plantés, on les reliera entre eux, par des traverses de 0^m,12 de largeur pour présenter une solidité suffisante. Les traverses du bas seront fixées sur les chevrons à hauteur de 0^m,30 du sol. Celles du haut seront clouées tout en haut des chevrons, celles des côtés reliant les petits chevrons aux grands pour obtenir la pente du toit.

La charpente ainsi obtenue, on fixera le plancher.

Il devra se composer de planches épaisses et posées le plus également possible. Ces planches seront clouées sur les traverses du bas. Le plancher terminé, on s'occupera des côtés de l'habitation. C'est à dessein que nous n'avons pas donné de dimensions, pour la profondeur et la hauteur du poulailler ; car ces dimensions varieront suivant le nombre de poules que l'on aura à loger.

On devra laisser sur un des côtés du poulailler une grande porte d'au moins 0^m,75 de largeur sur 1^m,20 de hauteur. Cette porte servira à pénétrer dans le poulailler pour faire la récolte des œufs et facilitera le nettoyage.

Dans le bas de cette porte, on devra en ménager une autre, de petite dimension pour le passage des poules.

Enfin de nombreuses ouvertures seront ménagées à la partie supérieure du poulailler et immédiatement sous le toit, pour favoriser l'aération. La toiture du poulailler sera faite de planches grossières, avec de bons couvre-joints pour empêcher l'eau de pénétrer dans le local.

Toutefois un poulailler, à notre avis, ne devra jamais être construit pour une quantité supérieure à cent volailles.

Les perchoirs seront mobiles et montés sur pieds pour en favoriser le nettoyage. Ces perchoirs devront être plats, mais aux arêtes abattues.

Le plancher du poulailler sera recouvert d'une épaisse couche de sable, sable de carrière de préférence. Tous les matins un coup de râteau suffira pour nettoyer le poulailler, et la fiente des volailles sera soigneusement conservé dans un coin de cour ou de jardin, ce guano étant très recherché par les jardiniers.

Le poulailler sera nettoyé à fond, au moins tous les mois, les perchoirs et pondoirs seront sortis et on les arrosera d'eau contenant une faible quantité de désinfectant (Cresyl Jeyes).

Les cloisons intérieures et le plancher seront lavés avec la même solution.

Ces règles d'hygiène sont très importantes ; elles devront être suivies en tout point, c'est le seul moyen d'éviter les épidémies et les maladies, qui en quelques jours déciment les basses-cours mal tenues.

Les gravures que nous donnons représentent différents modèles de poulaillers d'amateurs. Le poulailler parquet mobile est surtout recommandable pour les éleveurs propriétaires ne disposant que de peu de terrain.

La clôture des parquets à volailles sera faite en grillage mécanique à triple torsion, les pieux enfoncés en terre d'au moins 30 centimètres (la partie enterrée goudronnée d'avance) seront espacés de 10 mètres en 10 mètres. De jeunes arbustes seront plantés contre les grillages ; ces arbres en grandissant, entrelaceront leurs branches dans les mailles du gril-

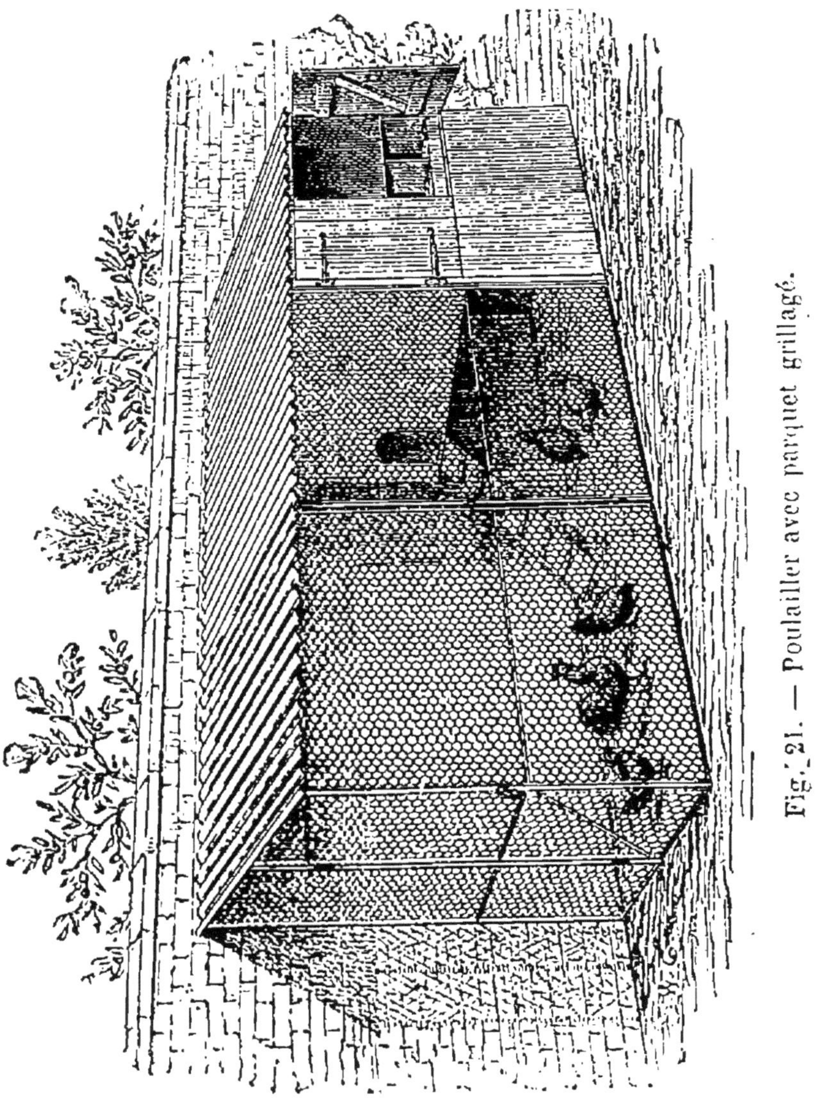

Fig. 21. — Poulailler avec parquet grillagé.

lage et finiront par former des pieux d'une solidité à

toute épreuve ; tout en donnant beaucoup d'ombre aux volailles.

Le poulailler roulant.

Nous ne saurons trop recommander, pour l'élevage industriel, l'emploi des poulaillers roulants. Ces poulaillers se composent : 1° du poulailler proprement dit monté sur roues; 2° le parc formé de panneaux mobiles.

Le poulailler est divisé en deux compartiments, un grand pour servir de refuge aux volailles et un plus petit pour contenir le parc plié. Les avantages du poulailler roulant sont immenses.

Il sera mené dans les champs après la moisson, et les volailles se chargeront de glaner tous les épis qui auront échappé au faucheur, tout à leur profit.

Combien d'économies à réaliser pour le fermier qui emploierait ces constructions. Le parc mobile se monte et se démonte en quelques minutes. Comme nous le disons plus haut il peut se placer une fois plié dans un compartiment réservé à cet usage dans le poulailler.

Une vieille voiture, quelle qu'elle soit, peut être transformée en poulailler roulant. Une bâche étendue sur des cerceaux, ou quelques planches disposées en forme de toit, sert d'abri contre le froid ou la bise de la nuit ; quelques bâtons posés en travers de la voiture servent de perchoirs. Des pondoirs mobiles, en bois, placés dans les encoignures, attirent les poules au poulailler ; elles ne manquent jamais d'y venir déposer leurs œufs.

Pour compléter l'installation, il suffira de clore avec des planches légères ou de vieilles toiles un côté de la voiture, ainsi que l'avant et l'arrière jusqu'à terre.

De cette façon, les bêtes auront, au niveau du sol, un grand espace couvert et clos où elles pourront, en cas de vent, de pluie ou de soleil trop ardent, se mettre à l'abri pendant quelques heures.

Au besoin deux ou trois pondoirs mobiles seront bien placés sous ce hangar improvisé.

Cette installation, comme on le voit, est peu coûteuse et en raison des bénéfices qu'elle peut donner, elle est à recommander à tous.

Les volailles, avec le poulailler roulant, jouiront de la même santé qu'en liberté, on leur procurera, herbage, insectes et sol toujours nouveaux à glaner.

L'élevage des volailles sur un parcours restreint.

Beaucoup d'éleveurs de volailles n'ont, à leur disposition, qu'un parcours peu étendu, et les difficultés qu'ils ont à surmonter sont inconnues des heureux propriétaires de prairies et de champs de grandes dimensions. Souvent, en effet, il arrive qu'un cultivateur qui veut élever de la volaille, ne peut disposer que

d'un espace très restreint. La volaille peut-elle vivre
dans de telles conditions ? Oui, cela est même hors de
doute, car plus d'une poule naît, vit et meurt dans
une cour de faubourg sans avoir jamais eu à sa disposition le moindre brin d'herbe. Il est des amateurs

Fig. 22. — Grand poulailler volière.

cependant qui hésitent à avoir de la volaille s'ils n'ont
un grand terrain à leur disposition. C'est cependant
un grand tort, car avec un petit coin de cour ou de
jardin se trouveraient très heureuses, la langshan, la
lhassa et la brahma.

On doit choisir un emplacement favorable au poulailler avant tout ; les poules ont besoin, outre leur

abri, d'un parcours plus ou moins restreint où elles puissent se promener et respirer.

N'importe quelle cabane peut servir d'abri aux volailles ; si l'on n'a rien à sa disposition, on fera ou on se procurera un poulailler en bois. Nous avons mis dans le commerce un splendide poulailler relativement petit et qui peut loger 15 à 20 volailles, nous lui avons donné le nom de basse-cour d'amateurs ; en effet tout s'y trouve, pondoirs, perchoirs, etc., etc.

C'est une construction de ce genre que nous recommandons aux éleveurs et amateurs qui n'ont qu'un faible terrain. Le sol du petit parquet sera formé de fin gravier. Les volailles ainsi enfermées ont besoin de coquilles cassées, de fin gravier ou de vieux mortier, afin de trouver les matières nécessaires à leur digestion et à la formation de la coquille de leurs œufs.

Ameublements des poulaillers.

Le poulailler ne suffit pas.

Il ne s'agit pas de donner l'habitation aux volailles, il faut aussi leur meubler leur logement, leur donner tous les meubles nécessaires pour qu'elles se plaisent dans leur maison et qu'elles trouvent leur captivité moins pénible.

Dans le chapitre précédent, nous avons dit que le poulailler devait toujours être monté sur pieds pour éviter l'humidité. La première chose à faire sera donc de donner aux volailles une échelle pour leur permettre de rejoindre leur chambre à coucher. Cette échelle sera faite de barreaux plats, et sera assez inclinée pour permettre aux volailles de la gravir sans effort.

Nous avons dit aussi, dans le même chapitre, que les volailles percheraient sur des juchoirs mobiles. Nous allons ici indiquer la manière simple et peu coûteuse de fabriquer soi-même lesdits juchoirs. On prendra d'abord deux planches en sapin, ayant comme longueur la même dimension que celle du poulailler en profondeur. Ces planches seront clouées, dans l'intérieur du poulailler, contre les cloisons des côtés et à 75 centimètres du sol, après y avoir préalablement fait des entailles de la profondeur et de la largeur égales à la hauteur et à l'épaisseur des juchoirs que l'on se propose d'établir. Ces entailles seront faites de mètre en mètre sur toute la longueur des planches. Les perchoirs seront coupés à la largeur du poulailler et les extrémités seront placées dans les entailles des planches. Les perchoirs se trouveront donc tous sur le même plan. Une petite échelle sera placée à chaque bout du poulailler pour permettre aux volailles d'arriver facilement à se percher.

Enfin on placera des pondoirs. Les pondoirs seront autant que possible placé dans un endroit autre que celui ou les poules couchent. On fabrique des pondoirs de bien des modèles, il y en a en osier et en bois.

Nous préférons, de beaucoup, les pondoirs en bois. Ceux-ci, en effet n'offrent aucun refuge à la vermine, et sont d'un nettoyage beaucoup plus facile que les pondoirs en osier.

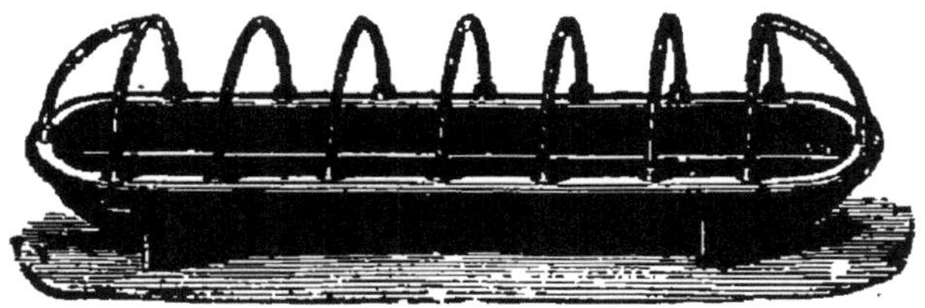

Fig. 23. — Abreuvoir long à arceaux.

Les pondoirs seront placés, autant que possible, sous les poulaillers, dans l'espace vide existant entre le plancher et le sol. Des paillassons seront disposés

Fig. 24.
Abreuvoir circulaire.

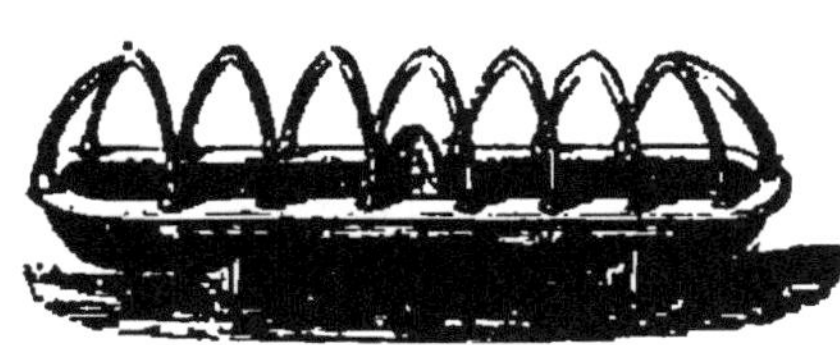

Fig. 25.
Abreuvoir à séparation.

contre les pieds des poulaillers pour abriter les volailles du vent.

Les abreuvoirs. — La boisson sera donnée dans des plats, ou mieux, dans des abreuvoirs syphoïdes en métal (fig. 25).

Les avantages de ces abreuvoirs, sur les simples

plats, sont multiples, d'abord les volailles sont toujours assurées d'avoir par ce système de l'eau excessi-

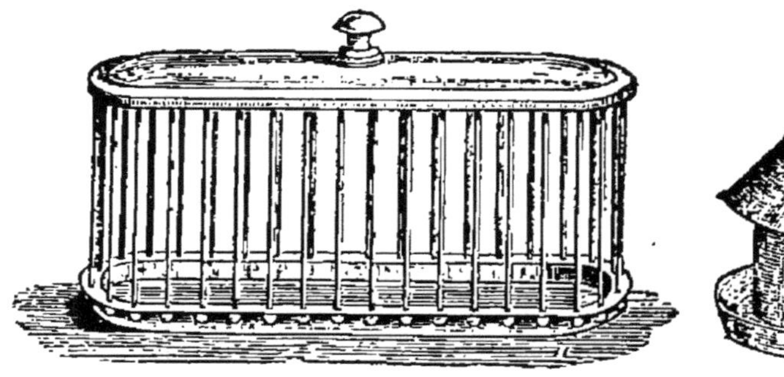

Fig. 26.
Abreuvoir fontaine

Fig. 27.
Abreuvoir syphoïde.

vement propre, ce qui est très important. Ensuite,
les poules ne pourront plus se trouver mouillées

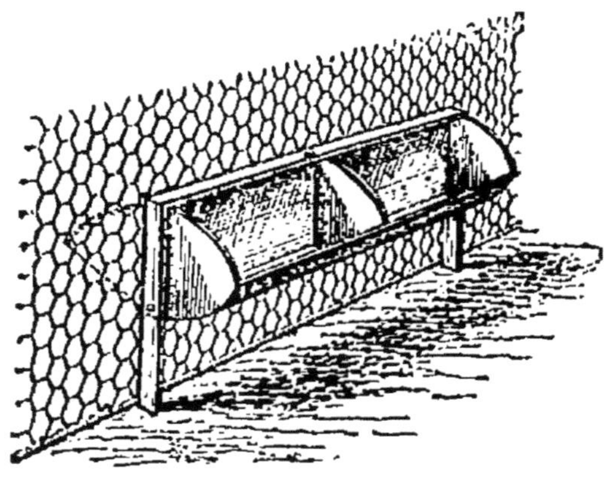

Fig. 28. — Augette.

comme elles le sont si souvent quand on leur donne
l'eau dans des plats.

Les augettes. — Les augettes sont des petits meubles très ingénieux et qui rendent de grands services à l'éleveur de volailles. En employant les augettes pour distribuer la nourriture aux poules, on réalisera de grandes économies ; les poules ne pourront plus gaspiller inutilement la majeure partie de leur nourriture.

Les augettes seront souvent lavées. On n'y laissera jamais de vieille pâtée.

Les augettes seront placées, ainsi que les abreuvoirs, toujours à l'ombre, afin que la pâtée ne se dessèche pas et que la boisson soit constament fraîche.

HYGIÈNE. — SOINS GÉNÉRAUX

Tout d'abord, les poulaillers seront entretenus dans le plus grand état de propreté possible.

L'aération devra être suffisante et proportionnée à la grandeur et au nombre de bêtes couchant dans le local. Les ouvertures d'aération resteront ouvertes tout l'été nuit et jour ; l'hiver, on laissera le nombre d'ouverture nécessaire, pour qu'une bonne aération règne toujours à l'intérieur. Le courant d'air s'établissant au-dessus de la tête des volailles ne peut leur être nuisible.

C'est surtout la vermine qui est le plus à redouter.

Dans les poulaillers bien tenus la vermine est inconnue, car il est toujours facile de l'éviter.

Les murs intérieurs du poulailler seront, quels que soient les matériaux employés à la construction, parfaitement lisses, pour éviter d'offrir le moindre refuge à la vermine.

Lorsque la vermine fait irruption dans un poulailler, la première chose à faire est de sortir tous les perchoirs et de les laver avec une brosse en chiendent. On emploiera pour ce lavage de l'eau dans laquelle on aura versé un cinquième de cresyl-jeyes.

Puis les murs intérieurs seront lavés au pétrole ; tous les coins seront visités et explorés. Le plancher sera soigneusement gratté et lavé au moyen d'eau cresylée. Enfin toutes les volailles seront passées à la poudre insecticide.

On se gardera bien surtout de remettre les volailles venant d'être passées à la poudre, dans le poulailler nouvellement désinfecté. Car la poudre n'opérant que quelques heures après son application ; tout le travail serait à recommencer.

Un excellent moyen est de badigeonner les murs intérieurs du poulailler avec de l'eau de chaux. L'eau de chaux se prépare en délayant un kilogramme de chaux dans un litre d'eau.

Si on ajoute à cette dissolution un peu de sulfate de cuivre, l'effet n'en sera que meilleur.

M. Louis Brechemin, l'éminent secrétaire de la Société nationale d'aviculture dont la compétence est indiscutable, et à qui nous empruntons beaucoup de détails sur ce qui va suivre, s'exprime ainsi dans son livre sur la basse-cour :

Par un nettoyage quotidien, on arrivera souvent à se débarrasser des parasites.

Peut-être ce mot de nettoyage quotidien va-t-il sembler étrange même aux plus soigneuses ménagères ? Ce soin excessif dans l'entretien des poulaillers, qui peut paraître exagéré au premier abord est quelquefois tout le secret de la réussite de certains éleveurs. Un simple coup de balai ou de râteau, tous les matins, dans les perchoirs, le sol garni soit de litière fraîche, de menue paille, ou de sable renouvelé, en voilà souvent assez pour entretenir ces volailles en parfaite santé.

Il va de soi que, pour l'amateur qui possède cinq ou six poules, un nettoyage bien complet tous les quatre ou cinq jours est suffisant.

Sur le plancher des poulaillers, on étendra un lit de sable, de cendres, ou de tannée; la cendre ou la tannée sont préférable.

Le fumier de la volaille. — Un parfait désinfectant. — Nous avons dit plus haut qu'il était nécessaire de nettoyer le poulailler tous les jours, c'est-à-dire d'enlever les déjections des volailles dont on n'apprécie pas assez souvent la valeur.

Le journal d'aviculture paraissant à Saint-Pétersbourg publie à ce sujet des renseignements fort intéressants :

« Les oiseaux dont nous utilisons la chair, les
plumes et les duvets fournissent encore un produit
fort utile, leurs déjections, qui, en Russie, sont consi-
dérées comme n'ayant aucune valeur et restent sans
emploi. En Chine, au Japon et dans certains pays de
l'Europe occidentale, c'est cependant presque l'unique
engrais dont on se sert, surtout pour les potagers, les
vignobles, les melons, le lin et le tabac, ainsi que
pour bien faire venir les arbres et les buissons d'or-
nement.

D'ordinaire, cette substance n'est utilisée qu'après
avoir été séchée et réduite en poudre. On en soupoudre
simplement la surface à fumer, on se sert également
d'une solution composée d'une partie de cette poudre
dissoute dans dix parties d'eau, pour arroser la terre
autour des jeunes végétaux. L'établissement d'aviculture pratique récemment fondé à Liesnoï, près de
Saint-Pétersbourg, le seul, peut-être, en Russie, qui
ait mis son élevage sur le pied européen, se sert
depuis trois ans des déjections de ses animaux pour la
fumure des terres plantées de plantes potagères et des
jardins de toute espèce, et il se félicite des résultats.

Il semble que c'est là l'unique et la plus naturelle
utilisation à attendre de la substance en question ; les
oiseaux domestiques se nourrissent, en effet, presque

exclusivement de matières végétales, de grains, et en partie seulement d'insectes. Leurs excréments contiennent donc tous les éléments minéraux et organiques qui entrent dans leurs aliments ; il ne faut pas oublier non plus que ces sécrétions sont très concentrées, les oiseaux rejetant à la fois sous la forme solide et sous la forme liquide. Voici d'après M. E. Volf, quelle en est la compositions chimique :

| | POUR 1,000 PARTIES DE DÉJECTIONS | | | | Pour 1,000 parties d'excréments frais de cheval |
	de poulet	d'oie	de canard	de pigeon	
Il y a :					
Eau.	560	771	566	519	710
Matière organique. . . .	255	134	262	308	246
Phosphate	15,4	5,4	14,0	17,8	2,1
Azote.	16,3	5,5	10,0	17,6	4,5
Potasse.	8,5	9,5	6,2	10,	5,2
Sodium.	1,0	1,3	0,5	0,7	1,5
Chaux.	24,0	8,4	17,0	16,0	5,7
Magnésie	7,4	2,0	3,5	3,0	1,4
Combinaisons sulfureuses	4,5	1,4	3,5	3,3	1,2
Silice et sable.	35,2	14,0	28,0	20,2	12,5

C'est-à-dire que les déjections des oiseaux domestiques sont surtout riches en substances les plus utiles pour la régénération du sol cultivé : l'azote, les phosphates et les alcalis.

De plus, ces matières s'y trouvent à l'état si concentré, que l'on ne doit se servir d'excréments purs que par petites doses, et il est préférable de les mélanger de terre ou de les dissoudre dans l'eau. Dans les poulaillers bien entretenus, où il existe toujours de la litière, de la tourbe ou de la sciure en quantité suffisante, les excréments s'y trouvent si bien mélangés que leur ensemble forme un engrais tout préparé qui peut être transporté directement du poulailler sur la terre à féconder. Si l'on désire employer la substance pure, il ne suffit pas de la faire sécher, il faut encore prendre la précaution de la broyer, car, dans le cas contraire, les grosses parcelles se roulent en boules et, en s'attachant aux racines des plantes, peuvent devenir nuisibles.

L'expérience indique que, suivant la plus ou moins grande pureté du produit et la nature de la plante dont on désire favoriser ainsi le développement, il faut de 150 à 300 kilogrammes d'excréments par hectare. Il semble plus avantageux de ne pas introduire toute cette quantité à la fois, mais de la diviser en deux : d'abord, en recouvrir une partie en labourant, et ensuite en répandre sur le sol en l'ensemençant.

*
*

L'établissement d'aviculture de Liesnoï, que nous venons de citer, emploie couramment et avec de grands succès la naphtaline comme désinfectant. Aussitôt que l'on aperçoit des parasites sur un oiseau, on le frotte avec de la naphtaline, douze heures après, oiseau ou poussin est frais, dispos et sans trace d'insectes.

D'après les recherches de M. Fischer, le pouvoir désinfectant de la naphtaline, dans les fermentations organiques et inorganiques, dépasse celui de l'iodoforme employée en quantité indéterminée pour saupoudrer plaies et blessures. Mêlée à la vaseline (par moitié), elle combat la gale des pattes. Dans les maladies infectieuses (diphtérie, choléra, etc.), il est utile d'en répandre sur le sol.

La naphtaline est un produit cristallin extrait du goudron de houille, provenant de la distillation du gaz. On l'utilise, en agriculture, pour la destruction des vers blancs et hannetons.

Pour l'employer, en aviculture, on la fait dissoudre dans l'alcool ou la térébenthine[1].

Chaque poule de bonne grosseur produit en une nuit 54 grammes de guano; un troupeau de cent têtes rapportera donc par nuit 5^{kg},400 de guano, qui estimé seulement à 10 francs les 100 kilogrammes, représente 54 centimes ou 197 francs par an, soit 1 fr. 97 par tête.

Il est à remarquer que nous ne parlons pas du guano produit pendant le jour, car les volailles le répandent dans les parquets et autour de la ferme.

Comme nous l'avons dit au chapitre *le Poulailler*, le sol des poulaillers sera soigneusement ratissé

---

[1] Louis Brochemin. *Poules et Poulillers*. E. Dentu, édit. 1894.

chaque matin. Le guano sera conservé dans une fosse par couches que l'on recouvrira de couches de plâtre ou de paille.

Soins généraux.

Il est naturel que le plus grand terrain possible soit mis à la disposition des volailles. Pour l'industriel possédant de grands terrains, l'élevage des volailles est un jeu et les soins n'existent pas.

Quant un parquet ne compte pas au moins une dizaine de mètres, par tête de volailles, le sol ne tarde pas à être infesté par les excréments. La verdure disparaît bientôt. Dans ces conditions il est nécessaire de bêcher souvent le terrain du poulailler, afin que les volailles trouvent à défaut d'herbe une bonne nourriture animale.

On leur procurera le plus souvent possible des salades, des choux, des feuilles de carottes, etc., etc.

Sous le plancher du poulailler, et devant des pondoirs devra être établie la fosse à gratter. La fosse à gratter est très facile à faire : on creuse d'abord un trou de deux mètres de large et de un mètre de long. Cette fosse sera emplie de cendre, terreau et fleur de soufre, 10 parties de fleur de soufre pour 100 parties de cendre ou de terreau. Cette fosse sera très utile aux volailles, pour se poudrer.

On devra veiller surtout à ce que la température

de l'intérieur du poulailler ne soit pas trop élevée. Nous l'avons dit et nous le répétons ici, le grand défaut des éleveurs est de surchauffer les poulaillers, sous prétexte d'augmenter la fertilité de leurs volailles.

La température du poulailler ne devra jamais dépasser 15 à 17° centigrades.

ANATOMIE GALLINE

Lorsqu'on veut faire de l'aviculture et se livrer à l'élevage de nos principales races de volailles, il est nécessaire d'avoir quelques connaissances en anatomie. Cela facilitera beaucoup l'étude des races et permettra de se rendre compte d'une façon, plus complète, de ce que sont les maladies des volailles.

Nous allons donc donner quelques détails, qui, nous le croyons, sont grandement suffisants pour atteindre le double but annoncé ci-dessus.

Anatomie du squelette.

La tête est composée de deux parties principales et bien distinctes :

1° Le crâne et la mandibule supérieure du bec ne formant qu'une seule et même pièce ;

2° La mandibule inférieure du bec, formée d'une seule pièce.

L'altoïde est un os d'une conformation spéciale, s'assemblant avec le derrière de la tête et qui permet à la poule de tourner la tête en tous sens.

Vertèbres cervicales, ou cou proprement dit. Les vertèbres sont assemblées aussi d'une façon particulière, c'est ce qui explique la facilité qu'ont les poules de plier leur cou en S.

Les vertèbres dorsales : ou vertèbres du dos.

Le sacrum : os faisant suite aux vertèbres du dos.

Vertèbres coccygiennes : vertèbres faisant suite au sacrum.

Les vertèbres coccygiennes sont au nombre de sept. Les races sans queue en sont dépourvues complètement.

Omoplate. — Os longeant les vertèbres dorsales.

Humérus. — Gros os de l'aile de l'omoplate au coude.

Cubitus et radius. — Deux os reliés aux extrémités et partant de l'articulation de l'humérus pour se terminer à celle des os du carpe et pour former l'avant-bras.

Os du carpe. — Petit os double, s'articulant sur les dernières phalanges et le pouce, on l'appelle aussi main.

Phalanges. — Les phalanges se composent de trois os, s'articulant les uns dans les autres; le dernier est plat et pointu.

Pouce. — Petit appendice soudé à l'articulation du carpe et du cubitus.

Bassin. — Os retombant de chaque côté du croupion, et protégeant l'anus.

Clavicules réunies. — Fourchettes protégeant l'entrée de l'estomac.

Côtes. — Appelées couramment, côtes supérieures ou côtes inférieures.

Fémur. — Gros os de la cuisse.

Tibia. — Os de la cuisse du fémur au tronc..

Péroné. — Petit os longeant le tibia.

Éperon ou ergot. — Os très pointu, instrument de défense des coqs, l'éperon se trouve à la partie inférieure de la patte, à deux ou trois centimètres du quatrième doigt.

Doigts. — Les doigts sont suivant les races au nombre de quatre ou de cinq, les doigts sont bien articulés, un des doigts, celui de l'arrière de la patte, ne touche presque jamais le sol.

LES ŒUFS

Les œufs (surtout ceux destinés à l'incubation) seront recueillis tous les jours avec soin.

Aussitôt la récolte, le nom de la race et le jour sera inscrit sur la coquille de chaque œuf. Ils seront mis alors dans un endroit frais et légèrement humide. Les œufs seront disposés dans des tiroirs, ou des casiers, que l'on placera eux-mêmes sur des rayons. Le fond des tiroirs sera recouvert d'une couche de grains de blé, de sarrasin, ou d'avoine, les œufs seront alors disposés par couches. Ainsi placés les œufs pourront rester quinze jours avant leur mise en incubation.

Organisation de l'œuf. — Outre la coque ou coquille, essentiellement formée de carbonate et de phosphate de chaux, on rencontre la membrane qui tapisse la face interne de la coquille et y adhère assez fortement. Une seconde membrane, plus mince, porte la cicatricule et enveloppe : 1° le blanc externe; 2° le blanc interne; le jaune ou vitellus qui est sphérique et occupe le centre.

Les diverses membranes ainsi que le jaune sont attachés ensemble au moyen de chalazes, qui forment des cordons et qui sont attachés aux deux pôles de l'œuf. Pôle aigu, petit bout, pôle obtus, gros bout.

Le vitellus ou jaune est aussi enveloppé par une membrane, appelée membrane vitelline, et se trouve englobé dans une couche de vitellus blanc qui résiste à la cuisson.

Le cicatricule ou germe de l'embryon se trouve au sommet de la vésicule de Purkinge, contournée elle-même, par trois couches concentriques jaunes et blanches.

Dans quelque position qu'on mette l'œuf, le germe ou cicatricule, soit à cause de la mobilité des membranes, soit que les fluides soient plus légers d'un côté que de l'autre, ce germe, disons-nous, se trouve ou revient constamment à la partie supérieure. Ce phénomène physiologique de l'organisation de l'œuf est suffisant pour expliquer d'une manière satisfaisante, les insuccès des incubations artificielles, par la chaleur communiquée en dessous des œufs, au lieu de l'être par la partie supérieure comme le font les oiseaux.

Il explique aussi la nécessité de retourner les œufs matin et soir. Par cette même raison que si l'œuf était laissé dans l'immobilité la plus absolue, l'embryon qui se tient toujours à la partie supérieure de l'œuf, ne tarderait pas à adhérer à la coquille et à périr en peu de temps.

Le blanc de l'œuf ou albumine est un liquide transparent, incolore et sans odeur quand l'œuf est frais. Ce liquide est en majeure partie composée d'albumine (de là son nom). L'albumine est composée de carbone, d'oxygène, d'hydrogène, d'azote, de phosphore et de soufre en proportions variables. Le blanc, lorsque l'œuf est cuit, s'épaissit, se condense et passe à la couleur blanche.

Poids des œufs. — Le poids des œufs varie entre 30 et 85 grammes dont deux parties de blanc, une partie et demie de jaune et une demi-partie de coquille.

Œufs frais. — L'œuf frais a une teinte blanche claire, son vernis est luisant. Si on le présente à la flamme d'une bougie il paraît transparent. Le vide formé par la chambre à air est de très petite dimension. Quand cette transparence se trouble, c'est un signe certain d'altération qui prouve l'ancienneté. Lorsque l'œuf vieillit, la chambre à air devient de plus en plus volumineuse.

Comme nous le répétons souvent, dans notre description des races de poules, certaines races sont plus productives que les autres.

Les causes de plus ou moins grande fécondité des poules sont multiples, d'abord le climat, l'habitation, la nourriture, la liberté, l'herbage peuvent influer grandement sur la fécondité des pondeuses. Voici ci-contre un tableau, que nous avons dressé après examen des races que nous élevons chez nous, puisse-t-il rendre des services à tous les aviculteurs si souvent trompés par cette importante question de l'élevage!

Comme nous le disons plus haut ce tableau a été dressé chez nous et par nous sur des races que nous élevons. Le nombre des œufs pondus a été compté par moyenne.

La fécondité d'une poule varie comme nous l'avons dit plus haut suivant les pays. Ainsi la poule de Houdan donnera un maximum de ponte dans les contrées voisines de Houdan. La poule des Ardennes, élevée à Houdan, n'atteindrait peut-être pas comme fécondité le chiffre énorme qu'elle a atteint chez nous.

RACES DE POULES	NOMBRE des œufs	POIDS des œufs	ÉLEVAGE Développement complet à	CHAIR (Qualité)
		Gr.	mois.	
Ardennes	180	80	3	Très bonne.
Grands combattants français	120	72	3 1/2	id.
Houdans	125	75	3 1/2	Fine, exquise.
Crèvecœur	120	80	5 1/2	id.
La Bresse.	160	80	5	id.
La Flèche.	140	70	6	id.
Barbezieux	140	70	6	id.
Gournay-Mantes. . .	140	68	3 1/2	Très bonne.
Lhassa	160	80	3	Très fine
Campine	220	50	3 1/2	id.
Leghorn.	190	60	3 1/2	Médiocre.
Espagnole.	165	68	5 1/2	Passable.
Brahma.	160	50	6	Médiocre.
Cochinchinois.	160	50	6	id.
Langson	160	65	3 1/2	Bonne.
Cosaque	110	65	4	Assez bonne.
Grands combattants anglais.	110	65	3 1/2	Bonne.
id. indiens.	110	68	4	id.
Dorkings	140	68	4	Fine. délicate.
Padoue.	160	48 à 55	5	Fine.
Hollandaises	90	57 à 60	5	id.
Minorque	160	58	4	id.
Coucou de Rennes. . . .	130	60	3	id.
Red.-Cap	160	75	3	id.

La nourriture favorise aussi, dans une grande proportion, la production des œufs. Depuis quelques années des aviculteurs expérimentés se sont mis à la recherche d'une nourriture pouvant exciter la ponte. Cette nourriture est trouvée aujourd'hui et c'est M. Delmas, le propriétaire du bel élevage de Muids, qui l'a inventée !

Laissons ici la parole à M. Delmas :

« La « Pondéine » spécialement composée pour la nourriture des volailles, est une farine concentrée, ne contenant exclusivement que des substances naturelles et dont, tout éleveur ou fermier, soucieux du produit de sa basse-cour, peut et doit faire usage, avec la certitude absolue d'en obtenir les plus beaux résultats, à elle seule, elle est pour les volailles une alimentation de premier ordre. La puissance de nutrition est si grande que, pour les poussins surtout, elle produit des effets merveilleux. Elle aide leur croissance, fortifie leur ossature, et leur donne une vigueur telle, qu'à trois mois à peine, on obtient des sujets presque adultes paraissant en avoir cinq.

De nombreuses expériences ont prouvé que pendant cette période d'élevage des poussins, les cas de mortalité étaient évités dans des proportions considérables. Ne fût-ce que pour cet usage, la pondéine est des plus précieuses et s'impose d'urgence à tout éleveur.

La pondéine est fortifiante, car elle combat l'anémie. Elle est reconstituante : au moment de la mue, en effet, les volailles nourries à la pondéine, se ressentent à peine de la fièvre produite par cette crise toujours critique, et parfois si funeste, grâce à la forte quantité des matières animales qu'elle contient, et dont le rendement en principes azotés et albuminés (si nécessaires aux couveuses) est extrême. La poule couveuse conserve ainsi toutes ses forces pour mener à bien cette incubation, dont elle reste l'esclave dévouée pendant de si longs jours.

En outre de tous ces avantages, il est bon de faire ressortir celui d'activer la ponte et de la maintenir sans interruption, cette propriété qui n'est pas la moins appréciable est la conséquence naturelle de cette alimentation.

La pondéine n'est pas une poudre à faire pondre.

L'éleveur, comme le fermier, n'ont aucune crainte, ni aucune appréhension à avoir pour la santé de leurs volailles. Aucun produit chimique ne rentre dans sa composition. Tous les principes qui la constituent ne peuvent, au contraire, que raffermir la santé. Et comme l'attestent les lettres reçues dans bien des cas, il a été constaté que des basses-cours contaminées par la diphtérie ou autres maladies épidémiques, se sont rapidement ressenties de l'efficacité de la pondéine. A la satisfaction des éleveurs, on voyait disparaître peu à peu les traces de cette terrible maladie.

Elle est donc encore antiseptique.

La pondéine est recommandable sous tous les rapports. Il est parfois difficile, suivant les localités qu'on habite, de se procurer toutes les substances qui font les belles volailles. La pondéine est la seule nourriture qui sous forme de farine, contient toutes ces substances. »

. . . .

La pondéine de Delmas est donc recommandable en

tous points, aussi nous associant à tous ceux qui l'ont essayée et qui l'emploient tous les jours, la recommandons-nous à tous.

Le couvoir.

La forme et la nature du couvoir ont une grande influence sur le résultat des couvées.

La salle destinée à l'incubation doit être située au rez-de-chaussée, et exposée autant que possible au midi.

Le couvoir doit toujours être entretenu dans le plus grand état de propreté. Il devra être situé loin de tout bruit, des trépidations de toute nature susceptibles de faire avorter les couvées.

Le sol du couvoir sera de préférence pavé ou formé d'un terri ; il sera toujours couvert d'une couche de sable d'au moins 5 centimètres d'épaisseur. Le sable entretient l'humidité et étouffe le bruit des pas.

Le couvoir devra être d'une aération facile, une ou plusieurs grandes croisées seront ouvertes tous les matins pour renouveler l'air. Toutefois des rideaux épais devront empêcher toute lumière de pénétrer dans la salle d'incubation.

Les couveuses artificielles ne devront jamais être placées contre les murs, elles devront toujours en être éloignées d'au moins 25 centimètres. Dans le couvoir pourront être établis les placards à œufs destinés à l'incubation.

Mirage des œufs.

Le mirage a lieu le cinquième jour de l'incubation il a pour but d'enlever les œufs clairs de la couveuse pour ne laisser dans l'appareil que les œufs susceptibles d'amener des éclosions. Au village, le mirage se pratique à la main, mais il est beaucoup plus simple d'opérer au moyen du mire-œufs. Le mire-œuf est un ingénieux appareil qui se compose d'une lampe et d'un cylindre en métal destiné à envelopper le verre de la lampe. Sur un côté du cylindre est ménagée une ouverture de la forme et de la grosseur d'un œuf de poule. Les bords de cette ouverture sont soigneusement feutrés.

Pour mirer un œuf, il suffit de le prendre et de l'appliquer contre cette ouverture, on apercevra alors l'intérieur de l'œuf très distinctement et comme s'il n'avait pas de coque.

Si l'œuf est fécondé, l'embryon se verra distinctement, affectant la forme d'une araignée rouge. Les œufs ne présentant à l'intérieur que quelques veines rouges mal dessinées devront être soigneusement écartés. Ce sont des faux germes ou œufs où l'embryon ne peut se former. Enfin les œufs étant d'une transparence à toute épreuve seront mis à part, ce sont les œufs clairs encore excellents pour la consommation.

De la conservation des œufs

Il existe bien des recettes pour la conservation des œufs. Il est hors de doute aujourd'hui que l'on peut conserver des œufs pendant plusieurs années pour être livrés à la consommation ensuite. On connaît trop le système de conservation par la chaux pour que nous en parlions ici. Le meilleur mode pour la conservation des œufs est, selon nous, celui qui consiste à envelopper simplement chaque œuf dans une feuille de papier, pour les conserver ensuite dans une armoire, dans une caisse ou dans un tonneau.

Les œufs se conservent parfaitement en employant cette méthode, ils seront disposés par rangs.

Quel que soit le système de conservation employé il est bien entendu que les œufs une fois conservés ne donneront plus d'éclosions. Les œufs étant disposés par rang et par couche dans les caisses, l'intervalle existant entre chaque œuf est comblé par du son. Les œufs devront être tous bien enveloppés de papier. Lorsque la caisse est pleine, on ferme le couvercle au moyen de pointes ou de vis et les œufs se conservent indéfiniment.

LES MALADIES DES VOLAILLES
ET LEUR GUÉRISON

Ils sont nombreux les éleveurs qui, constatant une épidémie dans leur élevage, se sont désolés et ont en vain cherché un remède infaillible pour arrêter l'énorme mortalité que la maladie causait dans leur basse-cour. La plus dangereuse des maladies des poules, celle qui fait le plus de ravages dans une basse-cour est sans contredit le choléra des volailles.

Généralités.

Les maladies des poules sont peu nombreuses, il n'y en a en réalité que deux qui sont divisées en un très grand nombre de catégories. La cause de toutes les maladies est, sans contredit, la malpropreté des poulaillers, ou l'humidité du sol. C'est pour cela que dans toutes les basses-cours bien tenues les maladies sont nulles. La plus grande précaution à prendre est donc le nettoyage fréquent des poulaillers. Cependant bien des élevages quoique très bien tenus ont été ravagés par des épidémies et un grand nombre de sujets y ont péri. C'est pour cette raison qu'il faut avoir soin, quand on achète de nouveaux sujets, de bien les passer en revue avant de les introduire dans la basse-cour. C'est faute d'observer ces deux précautions que l'on voit tous les jours tant d'éleveurs découragés et qui abandonnent l'élevage si lucratif pourtant des gallinacés.

Ophtalmie (Mal d'yeux).

Cette maladie attaque de préférence les volailles buvant de l'eau malpropre et tenues dans des endroits humides. Il est très rare de voir l'ophtalmie simple, car très souvent elle se trouve compliquée de la diphtérie ou mal de gorge.

Quand une volaille est atteinte des premiers symptômes de l'ophtalmie, elle baisse la tête, hérisse ses plumes et finit par ne plus prendre de nourriture; si l'on observe à ce moment l'œil du malade, on verra distinctement qu'il se couvre d'écume blanchâtre, qui bientôt fera gonfler les paupières et l'empêchera de voir clair.

L'ophtalmie est contagieuse, c'est-à-dire qu'elle peut agir sur un grand nombre de volailles à la fois. Beaucoup de malades meurent dans les fermes et villages faute de soins!

Traitement. — Faire de fréquents lavages à l'eau sédative sur le cou et la tête, si avec ce traitement on n'obtient pas la complète guérison, il suffira de badigeonner les yeux et les paupières du malade avec une solution de 5 parties de sulfate de cuivre et 100 parties d'eau fraîche.

Donner aux malades des pâtées chaudes, du lait et des herbes cuites en abondance.

Diarrhée.

Quand cette maladie se présente, il faut enfermer les malades dans un endroit sec, et les nourrir avec du grain, s'il y a persistance de la maladie, donner une infusion de camomille dans du vin chaud.

Constipation.

Cette maladie se présente souvent sur un grand nombre de sujets à la fois'; le traitement consiste en lavements émollients et huileux, l'introduction d'huile d'olive dans l'anus, deux fois par jour, pendant deux jours. Breuvages contenant beaucoup d'huile.

Du choléra des poules.

Le choléra des poules est une affection parasitaire, causée par un microbe spécial, et caractérisée surtout par des symptômes généraux, et assez souvent par une diarrhée profuse. En 1876, MM. Megnin, vétérinaire français, et Perroncita, vétérinaire italien, découvraient presque en même temps la présence dans le sang des volailles mortes du choléra d'un ferment, de psorospémies, auxquels ce dernier donna le nom de micrococcus.

Nous laisserons donc parler M. Megnin, qui, mieux qu'un autre, a fait la description de la maladie en termes clairs et précis :

Les symptômes se déroulent parfois avec une grande rapidité et passent presque inaperçus ; on trouve souvent l'oiseau mort sans l'avoir vu malade.

Si la maladie marche plus lentement, on voit l'oiseau triste, les ailes tombantes, le plumage hérissé, la démarche traînante, la tête basse et rengorgée ; il ne gratte plus le sol, recherche le soleil pour se réchauffer et ne mange plus ; sa crête est violacée, puis noire ; enfin il s'éteint sans faire de mouvements ou après avoir présenté quelques secousses convulsives. D'autres fois les poules atteintes tombent dans un coma profond et meurent au bout de quelques heures, toujours en présentant une crête violette.

Le plus souvent la marche de la maladie est très rapide et, en quelques minutes, les volailles succombent ; quelques-unes sont saisies pendant qu'elles courent, frappées d'un coup de sang, d'une manière foudroyante ; d'autres un instant après avoir mangé, pondu ou chanté. Un de nos correspondants, éminent journaliste qui habite la banlieue de Paris et qui a la passion des volailles, ayant en 1877 une basse-cour ravagée par le choléra des poules et ayant assisté à l'attaque par la maladie d'un très beau coq Crèvecœur, nous a dépeint la scène de la manière suivante : « Il m'a été enlevé en quelques heures et j'ai assisté au début de la crise qui a été assez curieuse à observer. Le coq était sur une pelouse et je l'observais précisément lorsque je le vis tout à coup s'élever en ligne perpendiculaire comme un faisan. Le saut a été au moins d'un mètre et demi; les ailes battaient l'une après l'autre comme celles d'un moulin à vent; on eût dit que mon coq venait de recevoir un coup sur la tête. Je compris qu'il venait d'être atteint du mal ; je le recommandai aux soins de mon jardinier et je partis pour Paris; à mon retour, il était mort. »

Cause de la maladie. — Lorsqu'on examine une goutte de sang étalée en couche très mince sur une lamelle de verre, on voit, en l'examinant au microscope à un grossissement de 5 à 600 diamètres, qu'il existe dans le sérum du sang, une foule de petits corps ronds, le plus souvent accolés deux à deux, et animés d'un mouvement assez rapide. Ces corpuscules, examinés à un plus fort grossissement à 800 diamètres par exemple, se montrent alors pour la plupart avec une forme un peu allongée et présentant dans leur milieu une ligne claire qui simule un étranglement, ou même un véritable étranglement, car c'est par scission qu'ils se multiplient.

Ces corpuscules, dont la longueur est de 2 à 3 millièmes de millimètre, sont les *microbactériums du choléra des poules*, et la preuve qu'ils sont bien la cause de cette maladie, c'est que, cultivés sur du bouillon de poule ou sur de la gélatine, ils se multiplient en colonies nombreuses; et si on en inocule une parcelle à des poules saines elle leur transmet la maladie avec tous ses caractères. Cette inoculation peut se faire en déposant quelques gouttes d'une culture sur des fragments de pain ou de viande qu'on donne aux volailles; il s'ensuit une diarrhée séro-muqueuse très abondante suivie des phénomènes généraux de la maladie et de la mort.

Ce liquide diarrhéique, qui va sur le sol du poulailler, dans le fumier, dans toute la basse-cour, qui salit les graines qui y sont répandues et qu'absorbent ensuite les autres volailles, est rempli de microbes du choléra et devient une cause d'infection pour toutes les volailles qui y cohabitent.

Traitement. — Le traitement des volailles malades n'est praticable qu'avec le vaccin préparé par M. Pasteur et en vente chez M. Fromage, pharmacien vétérinaire, 29, rue Lebrun, Paris. Après l'épidémie on aura soin de laver toutes les parties du poulailler sans exceptions, avec une solution de 10 grammes de cresyl-jeyes pour 1 litre d'eau.

Diphtérie (mal de gorge)

Elle débute d'ordinaire chez les gallinacés par la langue, qui se recouvre d'une pseudo-membrane blanchâtre et plus ou moins épaisse ; on l'appelle alors la PÉPIE. Elle se complique très souvent par la ROUPIE : écoulement d'humeur par les narines. Toute la maladie est dans ces deux mots une courte description suffit donc, mais il faut avant tout bien se persuader que la pépie très facile à traiter, quand elle est prise à son début est une terrible maladie quand elle se complique ou de la ROUPIE ou du coryza ophtalmique contagieux. Dans beaucoup de villages, il se trouve des vieilles malignes, qui parviennent à persuader les éleveurs, qu'il faut arracher la membrane blanche de la langue avec une épingle ! Rien n'est plus stupide que ce sot préjugé, et si la poule ne meurt pas bien souvent de la pépie, les arracheuses de langues savent les faire périr avec leur sotte manœuvre.

Traitement. — Badigeonner le bec et la gorge avec une plume trempée dans une solution de 1 partie vinaigre rouge et 2 parties miel ordinaire que l'on fera fondre sur le feu ; laver la tête à l'eau sédative.

Gales des pattes.

Causes. — Poulailler trop sec et trop grande chaleur des volailles renfermés la nuit.

Symptômes : les pattes se couvrent de taches blanches et d'écailles qui finissent par se soulever et par saigner.

Traitements. — Friction avec du pétrole pur.

Gape ou ver rouge.

Une autre maladie occasionne souvent une mortalité considérable sur les jeunes sujets n'ayant pas dépassé six semaines, et atteint surtout les petits d'une même couvée ; l'épizootie s'étend quelquefois à toute une contrée.

Elle est connue sous le nom de gape ou ver rouge ; cette maladie est caractérisée par le bâillement des animaux qui en sont atteints : ils allongent le cou en faisant des efforts pour lutter contre la suffocation.

Elle est causée par l'accumulation de petits vers dans le larynx ; ce petit ver est le syngome trachéal.

Les animaux atteints de cette maladie, abandonnés à eux-mêmes, meurent étouffés en deux ou trois jours.

Cette mortalité affecte surtout les faisandeaux.

Nous avons toujours fait tout ce qui dépendait de nous pour trouver un remède à ces terribles maladies, mais, hélas, nos recherches restaient infructueuses quand, un beau jour, nous entendîmes parler de la poudre E. Huc par un aviculteur qui la prisait fort. Il nous assurait qu'en moins d'une journée il avait guéri tout un poulailler avec ce merveilleux remède.

Depuis ce jour, ayant très souvent entendu vanter cette merveilleuse poudre, nous avons écrit à M. Hue, à Lieurey (Eure), pour qu'il nous en procurât quelques boîtes.

C'est avec un vif plaisir que nous faisons connaître aux lecteurs de ce livre les bienfaits de cette merveilleuse poudre : les résultats obtenus ont dépassé nos espérances, c'est tout simplement surprenant.

Traitement. — Aussitôt qu'une volaille est prise d'une de ces maladies, il faut l'isoler, lui donner une bonne nourriture et lui faire prendre dans la journée une forte cuillerée à café de poudre pour un poulet ou faisan (le double pour un dindon) en trois ou quatre fois, dans une pâtée faite de bonne farine d'orge ou de mie de pain mélangée d'un peu de grain.

NOURRITURE ET RATIONNEMENT

Pour l'aviculteur industriel de même que pour la fermière il importe de nourrir les volailles le plus économiquement possible pour en tirer le plus de bénéfices. Bien que beaucoup d'auteurs se soient arrêtés assez longuement sur cette question, il nous semble qu'il y a encore là une lacune à combler, et nous allons faire tout notre possible pour y parvenir. D'abord il ne faut pas croire que telle ou telle poule se contentera du régime appliqué dans le pays aux poules originaires de l'endroit. La nourriture devra donc varier, et avec les races, et avec les pays, et avec les élèves. Quand on a le bonheur de posséder une race précieuse, s'acclimatant facilement, peu difficile sur la nourriture et s'accommodant de n'importe quel régime, la plus grande tâche du travail est accomplie. Mais tout le monde n'a pas le bonheur de posséder des poules pratiques : loin de là ! Et naturellement il faut se plier un peu aux exigences de ces races et leur procurer ce qu'elles demandent si on veut les exploiter avec profit.

Il est des races qui ne s'acclimatent pas partout ; il en est même beaucoup, il en est même de trop. Pour celles-là, inutile de tenter une méthode quelconque d'alimentation, si elles ne sont pas dans un pays dont le climat répond à peu près au climat de leur pays d'origine. Ce serait peine perdue, on dépenserait beaucoup d'argent, on sèmerait beaucoup pour ne rien récolter.

Cependant il est aussi des installations qui ne conviennent pas du tout aux volailles ; il en est d'autres qui conviennent mieux à l'une qu'à l'autre. Ainsi des crèvecœurs ne se trouveraient pas dans des conditions nécessaires à leur entretien dans une basse-cour étroite et fermée. Il n'en sera pas de même des Lhassa ou des Langsham qui ne demandent qu'un petit coin de cour ou de jardin.

On devra donc veiller en tout temps et avec raison

à la bonne installation des volailles. Ici on ne peut donner de conseils précis ; les installations varieront à l'infini, suivant les ressources dont on dispose, le terrain qui vous appartient et mille autres causes qui ne sont pas en réalité des obstacles sérieux et dont on triomphera toujours avec un peu de bon sens et de pratique. Nous avons donné dans le chapitre *le Poulailler* d'excellents modèles d'installation, nous avons même parlé de l'élevage des volailles sur un parcours restreint, nous arrêter plus longuement ici sur l'installation serait donc répéter à peu de choses près ce que nous avons dit précédemment, nous attaquons donc la question de :

La nourriture.

La grande question à observer dans ce chapitre, est aussi l'économie. Il y a différentes graines, employées avec le même succès, pour l'alimentation des volailles. Le blé, le seigle, le sarrasin, l'avoine sont également des nourritures précieuses et dont on peut tirer grand profit. Nous répudions absolument ici les criblures employées les trois quarts du temps pour être données comme nourriture aux volailles. Les criblures il est vrai sont d'un prix beaucoup moins élevé que les graines, mais elles profitent beaucoup moins aux volailles. Dans les criblures se trouvent une grande quantité de petites graines cassées et d'autres qui ne possèdent plus que l'écorce. Les poules ne mangent ces graines qu'à contre cœur.

C'est donc ou le sarrasin, ou le blé, ou le seigle, qu'il faudra adopter comme base de la nourriture. Le sarrasin est excellent, seulement on ne devra en distribuer que modérément, car il échauffe les volailles.

Pâtées. — Les poules ne peuvent se nourrir exclusivement de graines. Elles demandent aussi un repas de pâtée. La pâtée sera faite avec de la farine d'orge ou de maïs mélangée à de la recoupe ou rebuté, les betteraves, les pommes de terre cuites, les topinambours et rutabagas seront également bien vus des poules. En tout cas la nourriture sera composée d'aliments solides et procurant la fertilité.

Si l'élevage est situé à proximité d'une ville où il y a de la garnison, on fera bien de s'assurer les biscuits de troupes, pains, etc., qui ne sont pas employés dans les casernes et que l'on se procurera à très bon compte. Les biscuits de troupe surtout forment une nourriture solide et reconstituante.

La quantité de nourriture qu'une poule doit consommer par jour est aussi une grande question. Pour nous qui nous sommes livrés à bien des expériences pour savoir exactement la quantité à donner, nous avons trouvé qu'avec 80 grammes de manger par jour, une poule laissée en liberté serait dans d'excellentes conditions. Pour une poule parquée il faut au moins 120 grammes par tête.

Il convient, dit M. Cailleret, de donner aux poules deux repas par jour.

Le premier, le matin dès la sortie du poulailler, le second le soir, un peu avant la rentrée.

On a conseillé de donner le premier repas une heure seulement après la sortie pour permettre aux poules de se répandre dans la campagne et de profiter des aubaines que leur offrent les insectes encore engourdis par la rosée et le froid du matin.

Cette méthode a cela de mauvais, que les poules ne s'éloignent guère avant la distribution qu'elles savent devoir être faite ; les plus pressées seules s'en vont et ne reviennent pas ; les autres ne profitent pas de la pâture que le matin leur réservait.

En faisant la distribution dès la sortie, le repas vite expédié, les volailles ne perdront aucune proie et seront moins disposées, si la chasse n'est pas heureuse à se gaver d'herbe froide et mouillée qui occasionne souvent des diarrhées.

Je recommande de donner le repas du soir un peu avant la rentrée des poules parce que cela les habitue à se grouper autour du poulailler vers cette heure et évite les pertes que l'on éprouve souvent avec les vagabondes qui s'éloignent trop tard et deviennent la proie des maraudeurs de tout genre[1].

---

[1] Cailleret. *La basse-cour dans le nord de la France.*

LE DINDON

Son antiquité.

La croyance générale est que le premier dindon mangé en France le fut aux noces de Charles IX en 1570.

C'est une erreur. Le premier dindon mangé en France l'a été en 1558 à la table de Laurent de Mongiron, comte de Montléons, baron d'Ampuis. Et ce dindon, ou plutôt ces dindons — car ils étaient trois — ont été vendus à Laurent de Mongiron par un ancêtre de M. Casimir Périer, qui habitait Crémieux, petite ville du Viennois, où les Mongiron étaient alors tout-puissants, pour trois cents livres. Cent livres la pièce.

Si l'on calcule quelle somme valent cent livres à notre époque, on se rend compte de l'insigne rareté des dindons en 1558.

Crémieux est renommé aujourd'hui encore pour ses dindons, si renommé qu'il n'est connu que pour leur élevage, et que ses habitants sont appelés eux-mêmes à vingt lieues à la ronde, les dindons de Crémieux.

Comment savons-nous cette histoire de dindons de 1558 ?

Un de nos amis possède le reçu des trois cents livres pour trois dindons donné à Laurent de Mongiron par Pascal, ancêtre de l'arrière-grand'mère de M. Casimir Périer.

Verba volant, scripta manent.

Le dindon commun, celui qui peuple aujourd'hui la plupart de nos basses-cours est le descendant du dindon sauvage qui vit encore aujourd'hui en troupes nombreuses dans l'Ohio, le Kentucki et l'Illinois. La taille du dindon est considérable. Sa longueur peut atteindre $1^m,30$ et son envergure $2^m,60$; son poids

Fig. 29. — Dindes domestiques.

s'élève chez le mâle jusqu'à 10 et 12 kilogrammes. La femelle est plus,petite et mesure au plus $1^m,20$ de longueur avec $1^m,80$ d'envergure. Son poids dépasse rarement 5 kilogrammes.

C'est un magnifique oiseau au plumage noir lustré à reflets verts, les plumes sont larges et collées au corps. Le dindon a la tête et la partie supérieure du cou couvertes de caroncules ou peau nue, les caroncules passent du rouge au bleu, du bleu au violet et du violet au blanc suivant les impressions qu'éprouve l'oiseau. La femelle est dépourvue de ce développement exagéré d'appendices, mais elle porte de petites caroncules tuberculeuses éparses sur les même parties du corps et dont la couleur passe du blanc au jaune orange et au rouge. Le mâle et la femelle portent sur la poitrine une touffe de poils raides qui apparaît chez le mâle dès la seconde année et chez la femelle après la troisième seulement. Le morceau de chair peut acquérir une longueur de 0^m, 33 chez le mâle à l'âge adulte et 0^m, 12 chez les femelles.

Le dindon mâle lorsqu'il est en amour fait la roue comme le paon, redressant en éventail les plumes supérieures de la queue, balayant le sol de ses ailes, hérissant toutes ses plumes, rejetant la terre en arrière. En même temps il gonfle son jabot et expulse violemment avec de sourdes détonations, l'air de ses poumons, pendant que tout son corps est secoué par un immense frisson.

Il piétine sur lui-même et lance de temps en temps un gloussement entrecoupé qu'il interrompt pour pousser un cri : glou, glou, glou. Comme nous le disons plus haut, l'amour surtout met le dindon dans cet état ; mais la colère aussi lui fait répéter ce même manège. Le dindon est très méchant et plus il vieillit plus sa méchanceté prend de l'extensisn à un tel point que souvent il maltraite ses propres femmes.

Les femelles cachent leurs œufs pour les dérober aux coups des mâles, le dindon en effet ne souffre pas que sa moitié couve et dès qu'il découvre un nid il ne manque jamais de casser les œufs à coups de bec ou à coups d'éperons.

Races de dindons domestiques. — Il y a aujourd'hui un grand nombre de races et variétés de dindons, qui ne diffèrent entre elles, que par le plumage. Les mœurs du dindon domestiques sont restées les mêmes que celles du dindon sauvage.

Le dindon noir. — Comme nous le disons plus haut c'est le dindon noir qui est le plus répandu parmi nos campagnes. Son plumage est entièrement noir à reflets verts.

Le dindon des Ardennes. — Le dindon des Ardennes, ou dindon roux, est un magnifique oiseau de luxe et de produit. Sa rusticité exceptionnelle et surtout la beauté de son plumage l'ont fait placer au premier rang de toutes les variétés connues.

Le dindon blanc. — Le dindon blanc comme son nom l'indique est entièrement blanc, la touffe de poil caractéristique fait seule une tache noire sur sa livrée d'hermine.

Le dindon jaspé. — Le dindon jaspé a le fond des plumes noires marbrées de teintes blanches ou grises.

Elevage des dindonneaux.

L'élevage des dindonneaux est difficile. Ils sont loin d'être aussi rustiques que les poulets.

De plus, la bêtise des dindons, leur est souvent funeste aussi bien pendant l'élevage qu'à l'âge adulte.

Les soins les plus importants à prendre aussitôt l'éclosion des dindons consistent à les préserver du froid, leur ennemi principal. Si la saison n'est pas avancée, il est nécessaire de les élever dans des chambres d'élevage dont le sol est recouvert de sable ou de sciure de bois, si le temps le permet, on les laisse sortir au milieu de la journée, au soleil autant que possible, et dans un endroit abrité, sous un hangar de préférence, en surveillant bien la mère afin qu'elle n'emmène pas ses petits trop loin. Il est prudent en tout cas de placer la dinde ou la poule chargée de l'élevage sous une mue. Il faut surtout éviter que les petits soient mouillés ou qu'ils reçoivent quelques averses, car ils périraient presque infailliblement.

Le froid les engourdit facilement mais ne les foudroie pas d'une façon immédiate. Le plus souvent les petits sont si bien engourdis qu'on les croit morts, mais remis sous la mère on les voit immédiatement revenir à la vie.

Si l'élevage se fait par le beau temps, dès la deuxième

semaine on peut laisser les dindonneaux se promener avec la mère, mais en les surveillant de très près et en les faisant rentrer immédiatement à la moindre petite pluie.

Les dindonneaux ne commencent guère à manger que le troisième jour après leur naissance ; mais là se présente une difficulté dont il est parfois pénible de triompher. Certains sont tellement absurdes qu'il est absolument impossible de leur apprendre à manger. Il faut leur ingurgiter la pâtée de force pour les empêcher de mourir de faim. Il sera utile alors d'introduire dans les couvées quelques poulets pour leur donner l'exemple.

La première nourriture des dindonneaux sera exclusivement composée de pain trempé, d'œufs durs auxquels on ajoutera des oignons, le tout haché menu et bien mélangé. Comme grain on donnera du chènevis, mais en petite quantité. Les dindonneaux comme les poulets sont très friands des oignons, dans les pâtées ce sont les oignons qu'ils choisissent d'abord.

Quand les dindonneaux commencent à bien manger, à l'âge d'une dizaine de jours, on peut supprimer les œufs et composer une pâtée avec de la recoupe ou rebuté ou du son, mais toujours mélangée avec des oignons hachés menus. C'est vers cet âge aussi que les dindonneaux seront menés aux champs par bandes, mais on devra toujours éviter la pluie et choisir de préférence des terrains secs ; les sols humides étant contraires à leur santé et à leur bon développement.

Le soleil par trop brûlant est aussi funeste aux dindons, ils sont sujets comme les oies et les canards aux étourdissements.

Les soins seront continués jusqu'à l'âge de deux mois et demi. C'est vers cette époque que les dindons prennent le rouge, c'est-à-dire que les caroncules de la tête apparaissent et prennent bientôt leur développement et qu'ils s'injectent de couleur rouge.

Ils traversent alors à cette époque une véritable crise et on devra les surveiller avec attention, car il n'est pas rare de perdre à ce moment la moitié et même les trois quarts des élèves.

Si le temps est beau, la prise du rouge se fera sans encombres, car les élèves n'auront pas à souffrir du froid et de l'humidité. Il est bon à ce moment de mélanger à leur nourriture habituelle des matières échauffantes tels que du chènevis, un peu de vin, du sel ou du persil et surtout, plus qu'à n'importe quelle période de l'élevage, des oignons et des orties.

Dès que les dindonneaux seront en état de manger de la graine, on leur en fera de fréquentes distributions sans préjudice de la pâtée qu'on leur donne deux fois par jour.

C'est donc à cette époque que les dindons ont le plus à souffrir, car la crise du rouge passée ils deviennent les oiseaux les plus rustiques de la basse-cour.

Comme on le remarquera sans doute nous n'avons

pas parlé dans ce chapitre de l'élevage artificiel des dindons. Et ce à juste raison.

L'élevage artificiel de ces oiseaux est identiquement le même que l'élevage naturel, les soins à donner sont les mêmes, mais on ne peut le pratiquer que si on élève un grand nombre de sujets. Car le dindon doit être élevé séparément des autres oiseaux de basse-cour, sa force et sa bêtise étant un obstacle sérieux à son existence commune avec les autres oiseaux.

Lorsque les dindons ont pris le rouge, nous avons dit plus haut que leur élevage devenait des plus faciles, mais il faut leur donner un très vaste parcours où ils puissent pâturer et faire la chasse aux milliers d'insectes qu'ils ne tardent pas à s'offrir.

Lorsqu'on ne fait de l'élevage que comme amateur et que l'on ne possède que quelques dindonneaux on les laisse errer autour de la ferme, dans les terrains vagues, ou sur le bord des chemins. Mais si l'on élève un grand nombre de ces oiseaux, il est indispensable et nécessaire de les réunir en un troupeau et de les mener aux champs, après les moissons, l'usage du poulailler roulant rend ici d'utiles et appréciables services.

A mesure que les oiseaux vieillissent, les excursions journalières seront plus fréquentes et dureront plus longtemps, puis les dindons commenceront à braver le soleil et même les pluies.

C'est alors que leur élevage devient de plus en plus

pratique, car ils savent trouver alors de quoi suffire entièrement à leur entretien.

Le dindon est très méchant à l'âge adulte ; il est presque impossible de le conserver dans une basse-cour au milieu des autres oiseaux. Il poursuit même les hommes et les frappe de son formidable bec. On a eu des exemples de férocité inouïe de ces oiseaux envers les enfants. Il tue les dindonneaux et surtout et souvent les poulets. Mais un coq de grande race lui tient toujours tête et les trois quarts du temps le dindon en a peur.

Les dindes sont beaucoup plus douces que les mâles, toutefois il y a des exceptions.

Le nombre de dindes qu'un mâle peut couvrir sans se fatiguer est de 8 à 10. Il serait funeste de vouloir lui en donner plus.

La ponte des dindes commence ordinairement à la fin de l'hiver (mars). La dinde pond une vingtaine d'œufs qui viennent de deux jours en deux jours. On devra surveiller les dindes qui ont l'habitude de cacher leurs œufs, animées par l'instinct naturel de ce que les mâles les détruisent.

C'est vers le mois de mai que la dinde demande couver, elle glousse alors et son gloussement assez semblable à celui de la poule se répète à chaque ins-tant.

Il est prudent toutefois de marquer les œufs que l'on confie aux dindes, car, le plus souvent, leur ponte

n'est pas achevée quand elles demandent à couver et
elles pondent encore quelques œufs dans le nid. On
retire alors tous les œufs n'ayant pas de marque.

Les œufs de dindes sont gros, le fond de la coquille
est de couleur blanc jaunâtre et ils sont parsemés
de petites tâches marron.

LA PINTADE

La pintade est originaire d'Afrique.

La pintade est assez répandue aujourd'hui dans nos
basses-cours. Cependant elle n'a jamais eu de vogue,
et bien que répandue, elle reste inconnue dans beaucoup d'endroits. Cela n'est pas surprenant, car pour
nous la pintade ne sera jamais un oiseau pratique ni
recommandable. Si nous en parlons ici, c'est qu'elle
est depuis longtemps regardée comme oiseau de
basse-cour et que sa place était toute marquée
dans ce recueil.

Sa taille d'abord, son genre de vie, son caractère
l'éloignent fatalement de toute basse-cour où l'ordre
règne.

Elle se rapproche beaucoup du dindon, non seulement au point de vue de la taille et des formes, mais
aussi comme genre de vie et habitudes.

Les jeunes pintadeaux ont comme les dindonneaux, une crise à traverser et qui est tout aussi
terrible, on devra prendre pour eux les mêmes soins
et les mêmes précautions que l'on prend pour les
dindons.

Les pintadeaux sont vagabonds, beaucoup plus que

Fig. 30. — Pintades.

les dindons, ils s'éloignent quelquefois à de très
grandes distances lorsqu'ils sont conduits par une
mère naturelle.

Avec une mère artificielle l'élevage de ces oiseaux
est singulièrement simplifié, ils ne s'écartent jamais
de leur éleveuse et leur taille permet de les élever en

compagnie de poussins, toutefois leur caractère est souvent un obstacle sérieux.

Les mâles sont tout aussi méchants que les dindons, ils se livrent quelquefois entre eux des combats acharnés qui ne cessent qu'après la mort d'un des combattants.

La pintade à l'état sauvage se rencontre à peu près dans toute l'Afrique, et les anciens qui la connaissaient en font mention. Aristote, Pline, Varron, Columelle parlent d'elle ; mais elle n'était à cette époque qu'un oiseau étranger.

La pintade ne s'acclimate pas dans les climats froids. Originaire des pays chauds, il lui faut le soleil, l'espace et la liberté et c'est précisément ces trois choses que souvent on ne peut lui donner.

Elle doit donc être laissée de côté comme oiseau de basse-cour, mais il n'en est pas de même si l'on veut s'occuper de leur élevage comme gibier et pour le repeuplement des chasses. M. le docteur Chenu avait fait lâcher, dans ses magnifiques chasses de la forêt de Crécy, de nombreux troupeaux de pintades. Parfaitement acclimatées au milieu des faisans, elles étaient devenues aussi sauvages qu'eux et offraient un admirable coup de fusil aux chasseurs invités.

La chair de la pintade gagne beaucoup à l'état sauvage. Un gourmet à notre avis serait bien embarrassé de se prononcer entre un pintadeau et un faisandeau tous deux tués à l'état sauvage.

LE CANARD

Le canard est l'oiseau de basse-cour le plus facile à élever ; il fait ventre de tout et engloutit avec avidité n'importe quelle nourriture.

Levé dès l'aube, le canard s'en va cahin-caha à la recherche des vers et des colimaçons, il se sert de son robuste bec pour fouiller la vase des ruisseaux dans le but d'y trouver une nourriture animale, vers de vase, sangsues, têtards de grenouilles, tout lui est bon.

Le fond de la nourriture du canard est très varié ; il savoure avec autant de plaisir, vers, graines ou pâtées, ramassant tout sur son passage, rien n'échappe à son œil exercé.

On voit souvent dans nos campagnes des bandes de canards se vautrer dans des mares boueuses, plonger et replonger dans cette eau infecte et cela, non sans battements d'ailes répétés, signe de leur grande joie.

Mais il ne faut pas conclure de cela que le canard n'aime que ce qui est sale. Si ces oiseaux sont souvent obligés de se baigner dans le purin c'est que, dans la plupart de nos villages, ils ne trouvent ni étang, ni ruisseau pour se baigner et il ne faut pas oublier que le canard est un oiseau essentiellement aquatique et qu'avant tout il lui faut de l'eau.

Quant à cette eau elle devra toujours être dans le

plus grand état de propreté possible ; si l'on ne dispose pas d'un étang ou d'un cours d'eau il faudra fréquemment changer l'eau des baquets servant d'abreuvoirs et de baignoires aux canards. Car cette eau ne tarderait pas à exhaler des émanations très nuisibles aux oiseaux; d'un autre côté, elle serait bientôt le nid

Fig. 31. — Cabane à canards.

d'une grande quantité de microbes, voisinage toujours dangereux pour n'importe quel animal.

Mais autant que faire se peut, il faudra toujours lâcher les canards sur un cours d'eau. Là, une bande de ces oiseaux ne coûtera presque rien trouvant la nourriture partout, ils se développeront aussi beaucoup plus rapidement que des canards parqués et ne disposant que d'une petite quantité d'eau.

Une installation excellente sur tous les points consistera à parquer les oiseaux sur un ruisseau. L'aviculteur, procédant ainsi, n'a plus le souci de renouveler l'eau des bacs, de plus il procurera à ses élèves

une grande quantité d'animaux aquatiques tels que :
têtards de grenouilles, sangsues, etc., etc. Cette nourriture constitue un aliment très riche et très apprécié
des canards.

Voyons maintenant la question logement, car bien
peu d'auteurs sont d'accord sur ce point, les uns pré-
tendent que le canard n'a besoin d'aucune habitation ;
d'autres au contraire, préconisent des cabanes complètement closes et enfin une troisième catégorie d'éleveurs est d'avis que le canard doit avoir à sa disposition de simples abris tels que : huttes, troncs d'arbres
creux, etc., etc.

Notre avis à nous est que le canard doit avoir
comme logement une construction solide, bien fermée,
résistant au vent et à la pluie et dans l'intérieur de
laquelle circulera cependant une grande quantité
d'air. Quel que soit le modèle adopté, cette cabane
devra toujours être montée sur pieds pour éviter
l'humidité.

L'humidité a été, en effet, et sera toujours une des
plus grandes ennemies des canards, cette observation
bien que paraissant paradoxale n'en est pas moins
des plus justes, et la plupart des insuccès dans l'élevage des canards viennent justement de ce côté. On a
tellement l'habitude de voir les canards dans l'eau,
que l'on finit par croire que cette eau, qu'ils recherchent
avec tant d'avidité pour se baigner, ne leur est nuisible en aucune circonstance. De là, on va jusqu'à

établir la cabane à canards dans un endroit humide ou sur le bord de l'étang ; et cette cabane est laissée dans l'abandon le plus complet.

Les canards ne tardent pas à couvrir le sol de leur demeure d'une épaisse couche de fiente et de boue qu'ils rapportent du dehors. Et il s'ensuit une humidité continuelle, très mauvaise pour les oiseaux.

En tout cas les cabanes à canards seront toujours disposées de façon à ce que le nettoyage du plancher en soit très facile.

Quelle est, maintenant, la litière qui conviendra le mieux aux canards ? Cette question paraît, à première vue, d'une simplicité étonnante et par cela même la réponse facile à donner. Ceci est une grave erreur. Et cette question est assez importante pour que l'on s'en occupe sérieusement. Sur ce point encore peu d'éleveurs sont d'accord, les uns préconisent le foin, d'autres la paille et d'autres enfin le tan. A notre avis ces litières ont toutes des défauts et de plus les deux premières ont encore l'immense inconvénient de coûter cher. Or il ne faut par oublier que, les excréments de canards ne sont pas assez riches pour constituer un bon fumier. Ce serait donc peine perdue que de vouloir faire coucher les canards sur la paille ou le foin.

Certains auteurs ont recommandé aussi le tan comme très sain et pouvant constituer une excellente litière, ils ajoutent que le tan dégage une odeur qui, quoique très saine pour les oiseaux, éloigne complètement la vermine. Nous ne voulons pas contredire cette opinion, mais nous pensons qu'il y aurait encore là des études à faire.

Quant à nous, nous n'engagerons jamais les éleveurs à répandre, sur le sol des cabanes, n'importe quelle litière. Et nous sommes convaincus après les résultats des expériences auxquelles nous nous sommes livrés que nous sommes dans le vrai.

Nous n'avons jamais donné de litière aux canards, nous répandons sur le plancher des cabanes une épaisse couche de sable de carrière ou de sciure de bois.

Le nettoyage de cette façon est beaucoup plus facile. Un simple coup de balai ou de râteau sera suffisant pour entretenir toujours la cabane dans un bon état de propreté. Comme pour les poulaillers il faudra souvent ici faire usage des désinfectants. Les cabanes seront lavées au moins une fois par mois avec une solution de 3 parties d'eau pour 1 partie cresyl Jeyes.

La nourriture des canards est sensiblement la même que celle donnée aux poules, toutefois la pâtée sera donnée un peu plus molle.

Nourriture et élevage des canetons.

La cane couve très assidûment, cependant il est de beaucoup préférable de confier les œufs à une bonne couveuse artificielle et cela pour bien des raisons. La chaleur de l'appareil sera sensiblement modifiée aussi on devra se tenir pour l'incubation des œufs de cane à une température de 38° centigrades fort ou 39°.

C'est au bout de vingt-neuf ou trente jours que les canetons sortent de l'œuf. Le premier jour de leur naissance ils courent, et se jettent dans l'eau immédiatement s'il s'en trouve à leur portée. Ils aiment encore plus l'eau que les canards adultes. C'est surtout dès les premiers jours de leur existence qu'il est utile de leur fournir une petite mare, un bassin, un fossé où ils puissent prendre leurs ébats. Toutefois il ne faut pas les laisser baigner dans les cinq ou six premiers jours et même pendant la première semaine, s'ils sont précoces et que la saison soit encore froide. On leur donnera à boire dans un petit plat creux. Les canetons quand ils éclosent ne sont recouverts comme les oisons que d'un duvet jaunâtre lequel n'est pas lubréfié par la sécrétion graisseuse particulière qui rendra, plus tard, leur plumage imperméable à l'eau. Il est, au contraire, imprégné d'une matière albumineuse qui, au contact de l'eau, se délaye, devient visqueuse et englue les jeunes oiseaux. Par la même raison, il faut éviter avec le plus grand soin qu'ils soient mouillés par la pluie. Dans le cas où cet accident leur arriverait, il faudrait sans hésiter les laisser baigner afin qu'ils se débarbouillent, puis les porter devant un bon feu dans un panier à claire-voie ou dans une sécheuse artificielle pour qu'ils se sèchent convenablement.

Une des difficultés de l'élevage artificiel des canetons consiste à leur apprendre à manger. A l'état sauvage, la cane mère extrait de la terre et de la vase des vers qu'elle partage en plusieurs morceaux. Les canetons se jettent avec avidité sur cette nourriture animale qui remue et qui les attire. Mais, la cane domestique n'a pas toujours cette ressource, la poule et la dinde encore moins, d'autant plus que les canetons ne comprennent pas le gloussement de ces dernières. Si l'on pouvait leur fournir pendant les premiers jours des vers ainsi partagés, l'apprentissage serait beaucoup plus facile, mais cela est difficile et n'est praticable que pour l'amateur, car le caneton digère avec une rapidité inconcevable et c'est sept à huit fois par jour qu'il faut répéter ce manège. On donnera aux canetons du vermicelle cuit qu'on mêle plus tard à leur pâtée, cette pâtée les nourrit beaucoup mieux que le pain.

A notre avis cependant la nourriture des jeunes canards devra être autant que possible animalisée, c'est pourquoi la viande hachée leur convient très bien. Nous avons essayé souvent et toujours avec un plein succès la nourriture aux vers de vase. Tout le monde connaît les vers de vase, ce petit ver rouge écarlate que l'on trouve dans tous les ruisseaux et dont les pêcheurs se servent pour amorcer leurs lignes, on les trouve facilement et à très bon compte.

Les canetons se précipitent avec avidité sur cet appât vivant et remuant. Une fois qu'ils y ont goûté, ils en savent assez, et l'on peut se borner dès lors à mêler quelques vers rouges à la pâtée pendant un ou deux jours encore.

Les larves de mouche ou asticots qu'il est facile de se procurer réussissent également très bien, mais il faut connaître leur provenance.

La pâtée, qui convient avant tout autre aux canetons, est un mélange d'orties hachées très finement avec du son ou de la recoupe. Les salades peuvent, au besoin, remplacer, au moins partiellement, les orties, mais il ne faut pas en user d'une manière exclusive, car elles relâchent les jeunes outre mesure, et l'on attribue à l'emploi continu de la laitue la plupart des insuccès que l'on éprouve dans l'élevage des canards.

L'ortie est presque indispensable comme on le voit, non seulement pour les canards mais aussi pour les dindons et les oies.

Aussi nous conseillons aux personnes qui veulent se livrer à l'élevage de ces oiseaux sur une assez grande échelle, d'établir dans quelque coin de terrain une culture d'orties plus ou moins étendue.

Sous ce point de vue, l'ortie est une plante très précieuse et qu'il est impossible de remplacer complètement.

Dès que les canetons commencent à grossir on leur donnera des débris de viandes, déchets de la table, etc., etc. Ils engloutissent toutes ces matières avec des signes non équivoques de satisfaction.

Mais cela n'empêchera pas de continuer la pâtée d'orties jusqu'au temps où ils se montreront aptes à prendre la graisse.

Les canards ont atteint leur développement et sont bons à engraisser lorsque leurs ailes se croisent sur le dos. Suivant qu'ils sont plus ou moins abondamment nourris ils atteignent ce degré de croissance entre six semaines et deux mois. En même temps leur voix change, c'est-à-dire qu'au piaulement du caneton commence à se mêler le cancanement de l'adulte.

Espèces et Races de canards domestiques.

Le canard de Rouen ressemble beaucoup, quant au plumage, au canard sauvage, par son volume au contraire il en est très éloigné. C'est le plus beau canard de produit; sa rusticité exceptionnelle, la ponte abondante de la femelle, et surtout la qualité de sa chair lui ont conquis successivement tous les suffrages des amateurs.

La tête et le cou, sont vert émeraude, à reflets métalliques, un anneau de plumes blanches non fermé en arrière, situé non loin de la tête, sépare le cou en deux parties; le devant du poitrail est brun rouge, le ventre et les côtés sont d'un gris cendré délicat, la couleur du dos est noir verdâtre.

Les plumes de la queue sont bleu foncé, celles des ailes gris brun avec des bandes alternantes de bleu brillant et de blanc. Les pattes sont jaune verdâtre.

Le canard de Rouen engraissé devient d'un poids colossal.

Le canard d'Aylesbury. — C'est un canard anglais; on le prétend supérieur à notre rouen, nous ne

Fig. 32. — Canards d'Aylesbury.

le croyons pas. Bien que le canard d'Aylesbury soit d'un élevage facile et que la ponte de la femelle soit aussi abondante que chez le rouen, nous lui avons toujours préféré ce dernier. Le plumage de l'aylesbury est d'un blanc pur; le bec et les pattes sont roses. Quoique revêtu d'un moins riche plumage que le rouen, sa livrée n'en est pas moins du plus bel effet sur une pelouse.

Le canard de Péking. — Encore une race recommandable en tous points. C'est un étranger mais qui mérite toute nos sympathies. Le canard de Péking atteint un poids énorme souvent supérieur au rouen. On a reproché au Péking sa chair coriace, pourquoi? A notre avis la chair du péking vaut celle du rouen. Seulement il a le défaut d'avoir le bec et les pattes

Fig. 33. — Canards communs.

jaunes et il semble que les oiseaux à pattes jaunes ont une chair de mauvaise qualité. Ceci a peut-être sa raison d'être pour les poules leghorn ou italiennes mais ne saurait s'appliquer au canard de Péking.

Le canard de Labrador. — Le labrador est un magnifique oiseau, an plumage noir lustré. De taille un peu moins élevée que les précédents il est aussi sensiblement moins gros. Mais il rachète ces deux défauts, si défauts il y a, par une chair exquise, un élevage facile et une ponte très abondante.

Comme canard de produit nous ne conseillons jamais l'élevage du labrador, car sa taille et son peu de poids sont deux obstacles trop sérieux à son élevage industriel. Mais le canard de Labrador croisé avec le rouen donne des produits magnifiques aussi gros que le rouen et d'un plumage beaucoup plus riche.

Le canard de Barbarie. — On l'appelle aussi canard d'inde et canard muet parce que le cancanement habituel du canard est remplacé chez lui par une sorte de sifflement presque imperceptible à l'oreille. Le canard de Barbarie est encore plus gros que le rouen, sa chair est très fine. C'est certainement la race la plus recommandable pour un élevage industriel, mais, il y a un mais, on prétend que le canard de Barbarie exhale une forte odeur de musc qui a son siège dans les caroncules de la tête, et si l'on n'a soin de trancher immédiatement la tête de l'animal après sa mise à mort cette odeur de musc se communique à la chair et la rend insupportable.

Les éleveurs de Toulouse croisent le barbarie avec le rouen ; ils obtiennent à l'aide de ces croisements de splendides oiseaux appelés mulards, et qui atteignent un prix très élevé sur les marchés.

Engraissement des canards.

L'engraissement des canards se fait, comme celui des poulets, de différentes façons.

L'engraissement le plus usité est le gavage mécanique; on emploie aussi de temps en temps la méthode des pâtons ou de l'entonnoir.

Le canard prend facilement la graisse, de plus il digère facilement, ce qui permet de le gaver jusqu'à cinq fois par jour. Ils acquièrent de cette façon et très rapidement un poids énorme.

Il est difficile d'obtenir un bon engraissement dès qu'arrive le mois de janvier. C'est ordinairement en octobre et novembre qu'on le pratique le plus facilement.

Les canards de grosses races pèsent lorsqu'ils sont engraissés à point une moyenne de 3 à 5 kilogrammes.

Les mulards, ou croisement barbarie-rouen, atteignent encore un poids plus élevé.

La pâtée à donner aux canards (gavage mécanique) sera la même que celle donnée aux poulets. Contrairement aux autres modes d'engraissement, les canards à l'engrais ne devront jamais avoir d'eau à leur disposition (engraissement mécanique bien entendu).

L'engraissement est plus ou moins rapide suivant les races et les individus.

L'engraissement mécanique dure au plus une quinzaine de jours.

On reconnaît que le canard est parfaitement engraissé quand les plumes de la queue se dressent et s'écartent.

L'engraissement par les pâtons est plus long, on

devra donner avec ce mode de l'eau aux canards
pour leur permettre de boire et de faciliter leur digestion.

LES OIES

L'élevage de l'oie comme celui du canard peut rapporter de beaux bénéfices quand il est conduit savamment.

L'oie est aujourd'hui très répandue, c'est un oiseau
de produit, aussi il figure dans toutes les bonnes
basses-cours.

Les oies sont de gros oiseaux, grands fabricants de
graisse, on les élève surtout dans le but de les engraisser, la graisse de l'oie n'a rien de comparable et ne
peut être comparée. Elle sert à faire la cuisine et est
d'une rare utilité dans les pays d'élevage de ces
oiseaux.

Beaucoup de personnes et parmi elles les plus fins
gourmets préfèrent la graisse d'oie au beurre, employé
cependant à peu près partout pour la bonne cuisine.

Un bon rapport de ces palmipèdes est aussi leurs
plumes ou leur duvet qui atteint un prix très élevé.
Nous verrons plus loin comment on pratique le plu=

mage des oies, industrie qui rapporte plusieurs millions aux pays dans lesquels elle est pratiquée.

La nourriture des oies est sensiblement la même que celle du canard. Elle peut se composer de pâtées de farine, de pommes de terres et de topinambours. Les grains sont aussi bien vus des oies qui en sont très friandes. On devra régler les oies encore plus que les poules et leur donner leur nourriture toujours dans des augettes, car l'oie est excessivement gaspilleuse et

Fig. 34. — Cabane à oies.

la majeure partie de leur nourriture, si l'on n'y prend garde, est souvent laissée de côté et piétinée par les oiseaux.

L'oie est un oiseau aquatique, cependant elle demande moins d'eau que le canard. Les oies se contentent d'un bassin assez creux où elles peuvent se laver à leur aise.

Cette eau cependant sera toujours tenue excessivement pure et très propre.

Nous conseillons, ici, l'emploi de baquets en bois

enterrés jusqu'aux bords supérieurs. Dans le fond du baquet on aura préalablement percé un trou, et ce trou sera bouché par une forte cheville en bois. Il sera donc facile de vider le baquet sans le sortir de terre en enlevant fréquemment la cheville pour que l'eau s'écoule librement.

Races d'oies.

On peut distinguer cinq espèces principales de ces oiseaux :

1° L'oie cendrée ;
2° L'oie sauvage ;
3° L'oie du Canada ;
4° L'oie d'Égypte;
5° L'oie cygnoïde.

L'*oie cygnoïde* appelée encore oie de Guinée est originaire de la Chine. Cette espèce est caractérisée par un tubercule tantôt rougeâtre, tantôt brun placé sur le bec, comme chez les cygnes, ce qui lui a valu du reste le nom de cygnoïde. Son ventre est pourvu d'un large fanon. Le gris domine dans la livrée de cette espèce, la poitrine est blanche, les pieds rouge orange et quelquefois noirs. Cette variété d'oie est très connue et très appréciée en Russie où elle se multiplie depuis longtemps, elle s'est très bien acclimatée en France.

L'*oie d'Égypte*, plus forte encore que la précédente

possède aussi un cachet très original que n'a pas cette
dernière. C'est une excellente pondeuse. La livrée de
l'oie d'Égypte est brun noisette marqué de roux ; le
dessus de la tête est complètement blanc. Un des signes
distinctifs de cette variété est que tous les sujets,
mâles ou femelles, portent aux ailes un éperon court
et très fort.

Fig. 35. — Oie d'Égypte.

L'oie du Canada. — On l'appelle aussi oie cravatée
ou à plastron. C'est une des plus grosses et des plus
belles des variétés d'oies. L'oie du Canada a l'enco-
lure longue et mince, le bec et les pieds d'un noir
métallique ; la livrée est brun foncé, passant au noir
sur la tête et le cou avec une cravate blanche, de là
son nom de cravatée. Elle est surtout connue et
répandue en Amérique, aux États-Unis elle est connue

en France depuis longtemps où elle n'a donné que des satisfactions aux amateurs.

L'oie sauvage. — Tout le monde connaît pour les avoir vues passer en interminables bandes, les oies sauvages. L'oie sauvage habite les régions froides, et traverse en bandes considérables la France, l'Angleterre et la Hollande. Elles causent souvent de grands dégâts dans les récoltes au milieu desquelles elles s'abattent, aussi les paysans du nord lui font-ils une chasse acharnée.

L'oie sauvage a la tête, le haut du cou et le dos brun cendré, le croupion brun rouge, le bec est long, noir à la base, et la pointe jaune orangé au milieu. La membrane des yeux est grise. C'est un oiseau de grand vol, comme nous le disons plus haut, les ailes sont énormes.

L'oie cendrée est la plus ancienne de toutes les oies connues ; elle est la souche de bien des variétés. On en remarque deux espèces, la petite et la grosse.

Espèces et races d'oies domestiques.

L'oie commune. — L'oie commune est répandue dans tous les villages de France, il n'y a pas chez nous un seul pays, un petit hameau qui ne possède plusieurs oies.

L'oie commune encore appelée petite race est assez rustique et prend bien la graisse, cependant on semble

aujourd'hui abandonner son élevage à peu près partout,
pour reporter le choix sur la grosse race de Toulouse.

Chez l'oie commune, tous les mâles ont le plumage

Fig. 36. — Oies communes.

blanc et par contre toutes les femelles sans exception
sont grises.

Les oies aiment beaucoup le pâturage, aussi doit-on
leur donner une nourriture dans laquelle entre énormément d'éléments végétaux. Cependant il ne faut pas
se figurer que les végétaux, salades, choux, etc., constituent une nourriture tonique pour ses animaux et

par cela même faire des économies en leur distribuant
de la verdure en grande quantité. La verdure sera très

Fig. 37. — Oies de Toulouse.

bonne et très appréciée des oies, mais seulement et
uniquement comme supplément rafraîchissant.

L'oie de Toulouse. — C'est le *nec plus ultra*, la

reine sans contredit de toutes les espèces d'oies. L'oie de Toulouse joint à sa taille énorme un fort tempérament, une rusticité à toute épreuve, un élevage excessivement facile, et fournit une chair excellente. La femelle est très productive, la ponte est abondante. L'oie de Toulouse a le bec jaune orangé, les pattes roses, le plumage gris ardoise varié traversé de raies brunes, acajou ou noires. On élève en Angleterre une variété d'oies de Toulouse, complètement blanche, appelée oie d'Embden. Cependant cette variété ne nous semble pas aussi rustique et par conséquent aussi digne d'attirer l'attention des éleveurs que la précédente.

Les Oisons. — Leur élevage artificiel.

L'incubation des œufs d'oie aura lieu et sera conduite en tous points comme celle des œufs de poule. Cependant on ne devra mettre dans la couveuse artificielle exclusivement que des œufs d'oie. Ceux-ci étant de bien plus grandes dimensions que les œufs des autres oiseaux de basse-cour. L'œuf en incubation reçoit la chaleur normale à sa partie supérieure, c'est-à-dire que la partie de la coque qui se trouve en dessus est chauffée à 40 degrés centigrades, la partie qui se trouve en dessous n'obtient une chaleur que de 37 à 38 degrés. Ceci est essentiel pour une bonne incubation et est obtenu naturellement avec la couveuse artificielle. Or si l'on s'avisait de mettre en incubation des œufs d'oie en même temps que les œufs de poule, ces derniers ne recevraient qu'une chaleur de 36 degrés à leur partie supérieure alors que les œufs d'oie auraient une chaleur normale. Cette règle devra être suivie en tous points ; car souvent c'est à cause de mille et mille de ces petites choses

Fig. 38. — Parquet pour l'élevage des oisons.

qui semblent n'être absolument rien et qui suffisent amplement pour faire avorter une couvée. Alors on s'en prend à la couveuse, que l'on accuse injustement.

Les œufs d'oie seront donc placés dans une couveuse spéciale.

Du reste il n'y a aucun intérêt à mélanger à leur éclosion les poussins et les oisons qui ont à leur naissance plus d'instinct que les canetons et qui s'apprennent vite à manger. De plus les oisons étant d'une taille beaucoup plus élevée que les poussins, un grand nombre de ces derniers se trouveraient maltraités et même parfois quelques-uns seraient écrasés par ces gros lourdauds.

Il n'en sera pas de même lorsque l'on fera éclore des œufs de cane. Les canetons étant à peu près de la même taille que les poussins à leur naissance, on fera bien de mélanger quelques œufs de poule aux œufs de canard pendant le cours de l'incubation ; de cette façon les poussins apprendront à leurs frères d'adoption à entrer dans le monde et à profiter de la nourriture.

Mais on ne placera les œufs de poule dans la couveuse que le huitième jour de l'incubation, de cette façon, poussins et canetons écloront en même temps, le poussin mettant vingt-un jours à éclore, et le caneton vingt-huit à trente.

Mais revenons à nos moutons... ou plutôt, à nos oisons.

A l'éclosion, les oisons sont couverts d'un duvet jaunâtre, ce sont de charmants oiseaux qui, s'ils n'ont pas les formes gracieuses et mignonnes des poulets, n'en ont pas moins un cachet d'originalité qui leur est exclusif.

Les petits seront enlevés de la couveuse soir et matin, comme pour l'éclosion des œufs de poule.

Quelques oisons sortent difficilement des œufs ; la plupart du temps ils font à la coque une trop grande ouverture et l'air extérieur, entrant par cette ouverture, dessèche rapidement la membrane qui les enveloppe, les condamne à mourir dans leur prison si on ne leur portait secours.

Dès que cette difficulté se présentera, on introduira dans la coque et par l'ouverture quelques gouttes d'eau tiède et l'on replacera le petit dans la couveuse en fermant l'ouverture de la coquille par un morceau d'une autre coquille cassée. Le plus souvent cela suffira amplement pour faire sortir le petit victorieusement.

De même que pour l'incubation, les oisons devront être mis à part dans une éleveuse artificielle.

Etant de taille beaucoup plus volumineuse que les poussins et les canetons, on s'exposerait à de graves mécomptes si l'on voulait mélanger des oisons avec d'autres oiseaux de basse-cour dans les éleveuses artificielles.

Pour les oisons comme pour les poussins, les augettes devront toujours être remplies de pâtées, car il ne faut pas oublier qu'en matière d'élevage, pour gagner beaucoup, il faut toujours nourrir à profusion.

Lorsqu'on élève des oisons en grand nombre, on fera bien de hacher des herbes en abondance, et surtout des orties pour mélanger à la pâtée des jeunes élèves.

Les oisons redoutent la pluie et le grand vent, moins frileux que les dindons, on n'en devra pas moins ne les laisser sortir que quelques heures pendant les premiers jours et par le soleil.

LE FAISAN

L'élevage du faisan n'est pas une chose aussi impraticable qu'on le croit généralement.

Il est admis (mais à tort) que l'élevage du faisandeau est beaucoup plus difficile à conduire que l'élevage du poussin. Il n'en est rien. La grande difficulté, la seule même existante, est l'ignorance et l'incurie de l'éleveur lui-même. En effet, on se figure qu'il suffit de lire tel ou tel traité d'élevage et de suivre les conseils donnés par l'auteur pour s'improviser aviculteur du jour au lendemain !

De l'avis de tous les grands éleveurs d'oiseaux rares tels que le faisan, les poules devront être condamnées pour l'incubation des œufs, à moins de posséder des volailles de race extrêmement naine pour éviter autant que possible le piétinement des œufs.

La couveuse artificielle réunit aujourd'hui tous les suffrages des amateurs ; là jamais d'œufs cassés, jamais de petits écrasés !

Au printemps, l'amateur devra toujours posséder une couveuse artificielle qui sera mise en marche à vide, dans le but d'y placer des œufs de faisan et de perdrix découverts dans les champs par les faucheurs, œufs qui, les trois quarts du temps, auront déjà subi un commencement d'incubation.

Fig. 39. — Faisanderie.

L'incubation des œufs de faisan se continuera de la même manière que celle des œufs de poule. Toutefois la chaleur sera maintenue à 38 degrés au lieu de 40.

« Bientôt, dit M. E. Leroy, c'est-à-dire quarante-huit heures environ après les premiers cris poussés par l'embryon, le jeune sujet va se mettre à percer la coquille, il va frapper la paroi avec la pointe de son bec (M. Leroy est, comme on le voit, absolument de notre avis pour cette question), muni à cet effet d'une sorte de bouton corné suffisamment dur.

La paroi s'étoile, un trou est pratiqué, le petit poussin respire à pleins poumons l'air extérieur. Fortifié d'autant, il redouble d'efforts pour briser sa prison.

A ce moment, l'enveloppe coquillière rendue friable par l'évaporation des fluides qui entrent dans sa composition — résultat des 39 à 40 degrés de chaleur auxquels elle vient d'être soumise pendant la période de l'incubation, — l'enveloppe coquillière, dis-je, va céder et se fendre circulairement suivant une ligne brisée qui commence et vient aboutir au trou pratiqué par le bec du poussin.

Encore quelques instants, chers amateurs, et douce récompense de vos soins, il vous sera donné de contempler votre petite famille.

Ecoutez ! Entendez-vous ces bruissements de co-

quilles, ces piaulements de délivrance des petits ;
tout va bien.

Ça bèche [1] ! »

. . . .

Elevage des faisandeaux.

Aussitôt l'éclosion, les petits faisandeaux seront
transportés dans la sécheuse, ou directement dans
l'éleveuse. La sécheuse est appréciée des poussins nouvellement éclos qui, si on les mettait avec leurs frères

Fig. 40. — Éleveuse grillagée pour les faisandeaux.

plus grands et plus forts qu'eux, seraient exposés à
force coups de bec.

Il faudra aussi avoir soin d'enlever de la couveuse
toutes les coquilles d'œufs qui pourraient blesser les
nouveau-nés.

On se gardera bien, nous le répétons, d'intervenir
pour l'éclosion à moins qu'il n'y ait plus que quel-

1 E. Leroy. *Aviculture*, F. Didot, éditeur, Paris.

ques lambeaux de membranes sèches qui retiendraient le poussin à la coquille.

Comme nourriture, la plus variée est la meilleure. Elle se compose de :

Riz cuit, chicorée sauvage, millet, cœur de bœuf cru haché, œufs durs avec la coquille bien brisée, mie de pain, fromage blanc, lait cuit, réduire bien en pâte *œufs de fourmi à discrétion.*

Fig. 41. — Trémie pour faisans.

Nous ne mentionnons que pour mémoire les avantages immenses que l'on retire en employant l'éleveuse artificielle et qui d'après les éleveurs consistent en :

Chaleur constante, et tenue à la portée des élèves, toutes les fois et aussi longtemps qu'ils en ont besoin ;

Accidents du contact de la poule devenus impossibles ;

Pas d'infection résultant du repos prolongé d'une

poule éleveuse dans une boîte étroite et des fientes de
cette bête échauffée ;

Pas de vermine ;

Pas de pertes de nourriture dévorée par une poule
gourmande ;

Faciliter de réunir ensemble des oiseaux d'espèces
différentes.

Les races.

Nous n'entreprendrons pas ici la monographie des
races de faisans, pas plus que nous n'avons entrepris
celle des races de poules, car nous nous promettons
d'y revenir plus tard dans un volume spécial :

Le *faisan commun* ou faisan des bois, nous vient
d'Asie, il est aclimaté chez nous depuis plus de quatre
cents ans.

Tête et cou : vert bronzé.

Flancs et poitrine : marron.

Manteau : brun, bordé de marron.

Queue : grise, à bandes transversales noires.

Le *faisan de Bohême* ou à collier, issu du faisan
indien et du faisan mongol, ainsi que l'indique son
collier blanc.

Le faisan blanc. — Plumage blanc.

Le faisan panaché. — Provenant d'un croisement
entre le faisan commun et le faisan blanc.

Le faisan à collier. — Plus mince, plus allongé que

le commun, de couleurs plus claires, il est beaucoup plus fécond et plus précoce que ce dernier.

Le faisan de Mongolie. — Plus fort que le faisan à collier, lui ressemble beaucoup, la femelle est très féconde.

Le faisan versicolore. — Semblable au commun

Fig. 42. — Faisan doré.

comme forme, plus petit comme taille ; plumage jaune, vert, violet et noir.

Le faisan vénéré du Thibet. — De taille beaucoup plus forte que les précédents est un magnifique oiseau de produit. C'est à tort que l'on a dit que la femelle mange ses œufs.

Le faisan doré. — Sa livrée est un assemblage d'or,

de rouge, d'orange, de noir, de vert, de bronze, de rouge feu, de brun, de bleu, de jaune. Il est de taille plus petite que les précédents, mais la richesse de son plumage fait du faisan doré un oiseau de prix et extrêmement recherché, il s'acclimate très bien en volière et donne de beaux résultats.

Le faisan de Lady Amherst. — Aussi joli que le faisan doré, ce dernier a sur le précédent l'avantage d'une fécondité encore plus grande.

Le faisan argenté. — Un des plus gros des faisans connus, ses couleurs sont moins éclatantes que celles du doré et du lady. Les notes sont plus sombres, mais les reflets n'en sont pas moins très riches; ce faisan est très familier.

Le faisan de Swinhoë. — Magnifique oiseau présentant beaucoup d'analogie avec le précédent.

Le faisan tricolore. — D'une création toute nouvelle ce magnifique faisan a un plumage des plus éclatants. C'est un alliage de bleu, de blanc et de rouge, de là son nom de tricolore, il a été créé par un amateur distingué, M. Flocart, de Charleville, en 1891.

LES INDUSTRIES AVICOLES

L'ÉLEVAGE INDUSTRIEL ET SES RAPPORTS

Toulouse et Strasbourg.

Industrie de Toulouse. — A Toulouse, et dans tout le bassin de la Garonne, dans les départements de la Haute-Garonne, de Tarn-et-Garonne, du Gers et de l'Ariège surtout on élève en grand la variété d'oies de Toulouse, il s'est établi là une industrie très importante et très productive pour ces contrées.

Aux environs de Toulouse, on n'élève pas des troupeaux nombreux d'oies, mais presque tous les petits cultivateurs en entretiennent un certain nombre que l'on envoie paître dans le jour sur les chaumes et les trèfles et que l'on engraisse ensuite.

M. Labouilhe, un éleveur émérite de Toulouse, a donné sur l'industrie toulousaine des détails très précis et surtout très intéressants.

L'engraissement se fait, dit cet éleveur, à deux époques de l'année : en été, pour obtenir de la viande fraîche qui se vend par quartier sur les places et les marchés ; en automne pour obtenir des oies salées ou dessalées.

Ce dernier engraissement est le plus généralement

mis en pratique. On le commence à la fin d'octobre pour le continuer une trentaine de jours environ. Mais si l'on veut le pousser à sa dernière limite, on le prolonge pendant six semaines.

Dans le cas où l'on veut obtenir cet état de graisse

Fig. 43. — Poulet tué à la mode de Houdan.

extraordinaire, il faut surveiller attentivement les oies, parce qu'elles peuvent mourir étouffées, surtout si la température vient à s'adoucir. Quelquefois aussi une résorption de la graisse s'opère et l'animal perd beaucoup de sa qualité et de son poids. On dit alors dans le pays que l'oie est *morfondue*. On la voit respirer avec la plus grande difficulté, elle ne peut plus faire aucun mouvement ; c'est le moment de la tuer,

car elle a acquis toute la graisse possible et lui continuer le régime la ferait dépérir rapidement, et bientôt
même mourir.

La nourriture qui sert presque exclusivement dans
ce pays pour l'engraissement des oies est le maïs
donné à sec. Quelquefois cependant on le fait gonfler
par quelques heures de macération dans l'eau. Trente
litres de maïs par tête suffisent pour donner un état
de graisse suffisant.

Ce sont les femmes qui le plus souvent sont employées au gavage des oies. Elles se servent pour cela
d'un entonnoir dont la tige est coupée en bec de flûte
et dont les arêtes sont bien arrondies pour ne pas
blesser l'animal. La femme prend l'oie entre ses deux
genoux et lui ouvre le bec avec la main gauche, puis
elle introduit avec la main droite l'entonnoir dans
l'œsophage, cette opération se fait doucement et sans
secousses. L'entonnoir ainsi placée, la fille de basse-
cour y verse des grains de maïs qu'elle fait couler dans
le tube au moyen d'un petit morceau de bois. Une
femme exercée peut gaver une oie en cinq minutes.
L'usage des gaveuses mécaniques se généralise de
plus en plus dans ces contrées, les éleveurs y trouvent
un grand avantage. Les oies de Toulouse atteignent
le poids de 11 kilogrammes lorsqu'elles sont parfaitement engraissées. Le foie surtout prend un développement considérable, il augmente de trois à six fois son
volume et son poids atteint souvent 500 grammes.

Dans le bassin de la Garonne, on engraisse les oies d'abord pour la chair qui se débite fraiche sur tous les marchés, ensuite, pour le salé qui sert de pot au feu dans les ménages et enfin pour la graisse si fine et si exquise qui, étant fondue, se conserve dans des pots et qui est préférable à l'huile d'olive la plus fine. Quant à la cuisine, elle acquiert un goût beaucoup plus fin que lorsqu'elle est faite au beurre.

Les foies d'oies engraissées sont énormes et servent à faire des pâtés qui, quoique excellents, ne valent pas cependant les pâtés de foies gras de canards si justement renommés. Enfin, comme autre produit, l'oie fournit encore la plume, et le duvet qu'on enlève une seule fois pendant la vie de l'oie en juillet et une seconde à la mort de l'animal. Chaque bête en fournit 500 grammes.

Industrie de Strasbourg. — A Strasbourg et dans les environs on élève aussi les oies sur une très grande échelle. Mais le mode d'élevage et surtout celui de l'engraissement diffère essentiellement de celui de Toulouse.

A Strasbourg, les éleveurs élèvent et s'obstinent à n'élever que la petite race sous prétexte que la chair et le foie sont supérieurs à l'oie de Toulouse, ce qui est faux. Ici la routine est encore la seule conseillère des Strasbourgeois.

La méthode usitée à Strasbourg pour l'engraissement des oies est celle que nous avons décrite dans le chapitre de l'*Engraissement des poules* sous le nom de méthode de l'épinette.

A Strasbourg on cherche principalement à produire l'hypertrophie du foie. C'est à cette industrie que l'on doit les fameux pâtés de foies gras de Strasbourg.

Les foies atteignent communément après vingt-cinq jours du régime un poids de 500 grammes et sont vendus de cinq à six francs.

L'AVICULTURE INDUSTRIELLE

ÉTABLISSEMENTS D'AVICULTURE
LES PLUS IMPORTANTS

L'établissement du Vivier-Guyon.

Comme nous n'avons cessé de le répéter maintes et maintes fois dans le cours de cet ouvrage, et ne voulant en aucune façon faire de ce livre une habile réclame, nous ne dirons que quelques mots de notre élevage. Nous donnerons au contraire le plus de détails possibles sur les établissements de nos confrères.

Nous reproduisons ici un article de M. Rote, paru

dans le journal *l'Aviculture* du 9 août 1893 et qui avait pour titre : « Une industrie lucrative. »

« Oui, certes, c'est une industrie lucrative que de se livrer aujourd'hui à l'élevage de la volaille. C'est que l'élevage de la volaille n'est pas aujourd'hui ce qu'il était autrefois. Et de nos jours, la châtelaine aussi bien que la fermière veut avoir une basse-cour à sa disposition. Les récentes découvertes pour l'élevage artificiel dues à la maison Forget, et les nouveaux appareils perfectionnés que cette maison met en vente ont facilité le développement de l'aviculture en France à un tel point que bientôt tous les fermiers feront toutes leurs éclosions au moyen de couveuses artificielles.

« Quoi de plus amusant et de plus récréatif que l'opération qui consiste à faire venir des petits poussins dans une de ces merveilleuses machines ? Aussitôt en possession d'un appareil, on allume la mèche de la lampe, ou mieux encore l'appareil à gaz artificiel, encore une innovation de la maison Forget. On consacre cinq minutes, le matin et le soir pour retourner les œufs, et voilà tout le travail de l'incubation artificielle ! Au cinquième jour, les œufs ayant été mirés avec le mire-œufs, on reconnaît sans peine ceux renfermant des poulets et ceux qui, ne contenant pas de germe, sont restés clairs (ces derniers sont toujours dans la proportion de 2 à 15 p. 100). Il est alors facile de les séparer, ne laisant dans le tiroir que les œufs fécondés. A partir de ce moment, on suit toutes les phases de l'incubation avec intérêt, se demandant combien on aura de poulets ? Enfin, le vingt-unième jour arrive, c'est avec une certaine impatience que l'on regarde à travers le châssis vitré de l'appareil pour chercher à voir s'opérer l'éclosion et jouir de la délivrance des petits. Des faibles cris sortent des œufs, on les entend sans les voir, et l'amateur est heureux de penser que ses efforts seront bientôt couronnés de succès. Enfin, un œuf s'étoile sous les coups de bec répétés du poussin qu'il renferme, puis un autre, puis dix, puis tous ou presque tous. Un poulet sort de l'œuf bientôt imité de ses nombreux frères. Et c'est avec joie que l'on contemple cette petite famille. On les voit ces chers petits, comme ils aiment déjà leur mère d'adoption, qui leur procure une chaleur douce, qui, en peu de temps, sèche leur duvet en le rendant luisant.

« Après la couveuse, l'éleveuse est là qui attend les poulets et qui prendra plus de soins de sa couvée que la meilleure des poules. Les volailles grandiront à vue d'œil et vont bientôt prendre leur place au poulailler. Mais cette culture de l'œuf peut rapporter de gros bénéfices quand elle est exploitée industriellement. Qu'il nous suffise de dire qu'un œuf qui s'achète la somme modique de 5 à 7 centimes rapportera un poussin vigoureux qui sera vendu au sortir de l'œuf au prix de 50 centimes à 1 fr. 50 suivant la race,

Plusieurs établissements pour la culture des œufs fonctionnent déjà en France ; et, depuis leur fondation, les fermiers des environs ont petit à petit renoncé aux poules et viennent se fournir à l'élevage en forts et vigoureux poussins qu'ils choisissent à leur gré. Or, si l'on voit qu'une couveuse de 200 œufs coûte par jour 20 centimes de chauffage, en déduisant l'achat des œufs, la perte des œufs clairs et le prix du

Fig. 44. — Boîte d'expédition pour les poussins.

chauffage, on arrive encore à un bénéfice de 60 à 70 francs, et comme il n'est pas rare que l'accouveur dispose d'une vingtaine de couveuses, c'est tous les jours un bénéfice pareil, et avec un peu de terrain et une mise de fonds insignifiante qu'une personne honnête trouve toujours à emprunter. Veut-on encore obtenir plus de bénéfices (mais alors il faudra un très grand terrain), la gaveuse mécanique est là pour engraisser les produits, et si les dépenses sont plus fortes, les bénéfices les compensent d'une façon excessivement avantageuse. Au Grand Couvoir ardennais, on opère de la même façon, et les petits partent tous les jours par centaines, expédiés dans des boîtes spéciales, et aussitôt leur éclosion. La maison en expédie ainsi jusqu'aux plus grandes distances et dans tous lés pays, et toujours ils arrivent en très bon état. Du reste la réputation de cette maison n'est plus à faire et a été confirmée par les nombreux prix et diplômes d'honneur qu'elle a remportés dans les concours. »

. . . .

Chez nous, au Vivier-Guyon, l'élevage se fait de trois façons : d'abord la vente des poussins expédiés comme il est dit plus haut jusqu'aux plus grandes distances. Ensuite la vente des œufs-parquets spéciaux de pondeuses ; et enfin l'engraissement mécanique des poulets adultes destinés à nos clients et aux *Halles de Paris*.

L'Etablissement d'aviculture de Crôsne.

Nous laissons ici la parole à M. Louis Brechemin, notre très sympathique secrétaire de la Société nationale d'aviculture de France :

« M. Ernest Lemoine avait tenté avec un grand succès l'établissement d'un superbe élevage dans sa propriété de Crôsne. Dans de vastes parquets grillagés, des volailles de toutes races se promenaient avec l'illusion complète de la liberté.

« Les poulaillers étaient en bois élevés à 90 centimètres de terre sur quatre pieux scellés dans des dés en pierre. Beaucoup de toits étaient recouverts en chaume, ce qui était d'un charmant effet, tout en maintenant dans les poulaillers une chaleur égale. Nous ne pouvons mieux faire, dit M. Brechemin, pour parler de ce bel établissement, que de citer le rapport fait à ce sujet par M. Goyot à la Société nationale d'agriculture de France :

« Les premières exhibitions d'oiseaux domestiques ont tout d'abord causé un grand étonnement. Des races étrangères à peu près inconnues, singulièrement surfaites, accueillies avec enthousiasme, portées par les caprices de la mode, rejetèrent facilement au second plan nos races les plus fécondes et les plus productives. L'engouement eut quelque durée, puis l'expérience remit toutes choses en place, et nos bonnes races indigènes, peu à peu, reprirent leur rang, le premier à tous égards.

« Entre temps, de malencontreux croisements avaient profondément altéré la pureté, profondément atteint les qualités de plusieurs de nos meilleures variétés de l'espèce galline. On regretta beaucoup alors de s'être laissé aller à des mélanges plus irréfléchis que rationnels, dont les suites, au lieu du gain espéré, furent une perte. Amateurs, ménagères, industriels, marchands, spécialistes se mirent à la recherche de sujets de race pure dont l'élevage et l'entretien

donnent seuls satisfaction à ceux qui, dans le gouvernement de la basse-cour, répudient la fantaisie et
conduisent leur opération conformément aux préceptes
d'une économie bien entendue.

« Fort rares étaient alors, bien difficiles aussi à
trouver ou des reproducteurs authentiques ou des
œufs en lesquels on pût avoir quelque confiance. Aux
demandes de l'intérieur, s'ajoutèrent les demandes
encore plus pressantes de l'étranger. Aux grands jours
des expositions, à partir du moment où celles-ci
présentèrent une organisation plus rationnelle, le
public eut bientôt reconnu la supériorité des races
françaises sur une foule d'autres affublées de noms
sans valeur et qualifiées sans raison ; mais, du dehors,
autant que du dedans, on exige des marchands que,
sous leur responsabilité, ils ne vendent que des
œufs ou des sujets de race pure ; de toutes parts on
repoussera comme une peste des métis nés ou à naître.

« En face d'une exigence aussi bien définie que difficile à remplir, M. et M^mo Lemoine se dirent qu'il y
avait évidemment une lacune dans cette branche de la
production animale, et que celui-là lui rendrait un
immense service qui, dans un but de production éclai-
rée, de conservation et de perfectionnement nécessaires, s'attacherait à réunir les meilleurs types des
races les plus précieuses, plumes ou poil, du même
bétail qui, d'ordinaire, reste soumis au gouvernement
plein de sollicitude toujours de la femme, de la simple

ménagère à la grande dame en passant par tous les degrés de la fermière.

«L'idée première, intelligemment fouillée, nécessita une étude approfondie de toutes les races parmi lesquelles il y aurait à faire un choix judicieux ; elle imposa de grandes recherches ; elle obligea à des essais dispendieux et conduisit à des expériences qui avaient leurs difficultés et leurs minuties. Aucun de ces derniers ne rebutèrent M. et Mme Lemoine. Tout bien pesé, au contraire, ils marchèrent franchement au but et tout droit arrivèrent à une solution aussi hardie que sûre dans ses résultats, dont les travaux préliminaires avaient été couronnés d'un plein succès.

« De là est sorti le bel établissement de Crôsne, un véritable haras d'oiseaux domestiques et de petits quadrupèdes dont on fait si opportunément des hôtes de basse-cour, de races d'élite de l'espèce du lapin, et de cet autre moitié lièvre moitié lapin, qui est le léporide.

« L'établissement de Crôsne est jusqu'ici sans second, installé dans un parc magnifique de 8 hectares, il se compose de plus de 110 parquets systématiquement disséminés sur cette vaste surface où chacune des espèces et des races entretenues est logée à sa convenance et reçoit les soins spéciaux conformes à ses goûts. Ces parquets rendent facile l'élevage sans promiscuité possible, sans confusion, même fortuite, des races distinctes qui ont été jugées dignes d'une éducation spéciale dont l'objectif est l'épuration constante du type et le perfectionnement des individus demandé à une sélection sévère secondée par des soins aussi attentifs qu'éclairés.

« Tel est l'établissement de Crôsne où se trouve aujourd'hui toutes les bonnes races en vue desquelles il a été créé : poules, dindes, oies, canards, pigeons, etc. Sa population est donc variée, mais essentiellement changeante par un renouvellement rapide des habitants que les ventes disséminent au jour le jour dans toutes les parties de la France et de l'étranger où M. et Mme Lemoine ont su conquérir un renom de loyauté qui fait honneur à la France.

« Bien malheureusement M. Lemoine n'a plus cette vigueur juvénile qui lui permettait d'exploiter si habilement un bel établissement. Beaucoup de gloire, un peu de profit, mais énormément de soins et de fatigues étaient la résultante de cette heureuse conception. Aujourd'hui le superbe élevage de Crôsne presque complètement délaissé, ne peut plus fournir à ses nombreux clients français et étrangers les volailles de race et les œufs qu'ils étaient si heureux de recevoir. Mais tout en se reposant de ces fatigues, M. Lemoine n'a pas complètement dit adieu à ses chères volailles. Comme président de la Société nationale d'aviculture de France, il aide encore de ces conseils tous les éleveurs, organise les remarquables concours de la Société et continue par ce moyen à rendre de grands services à l'élevage des volailles[1].

Établissement d'Aviculture de Louveciennes.

Cet élevage a été installé par la main d'un maître, par un aviculteur émérite. M. Pointelet, dont nous trouvons si souvent le nom parmi les lauréats de nos expositions avicoles. Tenant à rendre compte de ce bel élevage le plus scrupuleusement possible, nous reproduirons encore comme pour le précédent un rapport fait cette fois par M. Moquet à la Société nationale d'aviculture de France.

L'établissement de M. Pointelet peut être divisé en trois parties :

D'abord dans la cour attenant à la maison où se trouve l'écurie, existe une grande volière d'une vingtaine de mètres de long sur 5 mètres de large ; nous y remarquâmes deux paons femelles et un mâle, un couple d'oies de Toulouse, un lot de canards de Rouen de toute beauté, deux couples de mandarins, deux de carolins, deux de siffleurs, deux de sarcelles, deux de millonins, deux de morillons, deux de pilets, des dorkings argentés et environ cinquante jeunes pigeons de différentes races. Au fond de cette volière, adossées au mur, il y a cinq cages où se trouvent enfermés des

<hr>

[1] L. Brechemin. *Op. cit.*

pigeons appartenant à dix variétés. Au milieu dans une autre cage, sont des colins, des cailles, des perruches et divers oiseaux dont le nom m'est inconnu. Dans un bout six cases à lapins, construites en bois avec fond plat et porte en grillage sur encadrement de fer. Nous regrettons que leur aménagement laisse quelque peu à désirer au point de vue de l'écoulement des urines. Les habitants de ces cases sont des angoras blancs, gris, noirs, bleus, des russes, des argentés, des japonais, des communs et des géants généralement superbes. A l'autre bout une caisse contenant un grand nombre de divisions pour le triage des lapins et des lièvres. Au milieu de cette volière est un grand bassin de 6 mètres superficiels, indispensable aux palmipèdes. Sous un hangar nous voyons une grande chaudière pour la cuisson des aliments à côté de laquelle est un coupe-racines. En retour, longeant une autre aile de bâtiments, existent quatre cages contenant un grand nombre d'oiseaux au plumage varié.

Dans l'une de ces cages nous remarquons un couple de grands boulants blancs, d'une stature très remarquable.

Dans la cour, existent aussi quatre pigeonniers comprenant chacun trois compartiments superposés où sont logés des pigeons magnifiques de douze variétés. Ce sont des paons dont le mâle, nous affirme M. Pointelet, a quarante-deux plumes à la queue, la femelle

trente-huit, des carriers anglais superbes et des hambourgs de Dresde fort remarquables aussi. La construction d'un de ces pigeonniers revient, nous dit
M. Pointelet, à 120 francs. La toiture est en planches ;
ils ont 80 centimètres de profondeur sur 1 mètre
de largeur, et trois étages, distancés l'un de l'autre
de 45 centimètres environ. Chaque étage est divisé
en deux parties : l'une, au fond, se trouve complètement close, sauf les deux passages nécessaires à
la rentrée ou à la sortie des pigeons afin qu'ils puissent
s'y retirer soit pour y pondre soit pour s'y reposer ou
s'abriter. Ils ont là un perchoir et un pondoir en
plâtre très convenables faits par M. Pointelet ; l'autre
partie est entourée de grillage fixé sur les poteaux
d'angles et sur les planches de la partie close.

Dans la cour nous voyons circuler une dizaine de
poules et deux coqs de Langshan, animaux très remarquables. Nous apercevons aussi deux boîtes à élevage
pour poussins de 80 centimètres de long, divisées en
deux parties égales, l'une où séjourne la poule et qui
est couverte, l'autre à ciel ouvert où les poussins
peuvent se promener et qui peut être couverte d'un
vitrage ou d'une planche que l'on glisse dans une
coulisse.

Nous avons vu chez M. Pointelet nombre de beaux
animaux ; mais notre commission a pensé que sa mis-
sion consistait surtout à visiter et à apprécier le mode
d'établissement et d'élevage. C'est aux expositions que

les animaux doivent être jugés, c'est sur les lieux,
qu'il faut se transporter pour apprécier une installation. Aussi au cours de notre visite, portâmes-nous
surtout notre attention sur une annexe très importante
sise de l'autre côté de la rue, dans un jardin formé de
deux bâtiments d'un agencement spécial fort bien
compris.

L'un deux, le principal, est adossé au mur du jardin sur une largeur de 54 mètres ; il est divisé en
18 compartiments ayant chacun une contenance su-
perficielle de 21 mètres, 3 mètres de largeur sur
7 mètres de profondeur. Ce bâtiment a dans son ensemble l'aspect d'un hangar précédé d'une volière.
Pour le décrire d'une façon plus nette nous allons
prendre un compartiment seulement, ils sont d'ailleurs
tous semblables. Le fond, c'est le mur du jardin ; les
pignons sont en planches sur une longueur de $4^m,10$
et en grillage, sur $2^m,90$. Dans la partie en planche se
trouve la porte. Les supports des pignons sont, le
mur au fond, puis, trois poteaux en bois. Sur l'un
sont fixés les gonds de la porte ; sur celui du milieu
est attaché le grillage et repose sur la sablière ; sur le
troisième qui forme poteau d'angle, le grillage est
aussi fixé à l'aide de conduits. Le parquet est couvert
sur une profondeur de $4^m,15$ par un toit à pente
unique formé de planches posées sur le faîtage d'un
bout, et sur la sablière de l'autre et recouvert de car-
ton bitumé maintenu à l'aide de petites tringles. Au

bout de ce toit léger et pour chaque parquet, il y a une gouttière avec un tuyau de descente amenant les eaux dans un petit puisard formé à l'aide de cailloux déposés dans le sous-sol, de telle sorte, que l'humidité n'incommode pas les volailles, Le reste du parquet est couvert d'un grillage fixé sur des pièces de bois allant des poteaux portant la sablière aux poteaux d'angles et reliant les poteaux d'angles entre eux. Pour éviter que ces pièces de bois se pourrissent, M. Pointelet les a recouvert de tuiles mécaniques. Le sol, c'est le sol naturel sur lequel, dans la partie couverte, on a répandu du sable, tandis qu'on a mis dans la partie découverte une épaisse couche de mouchette que M. Pointelet fait passer à la claie de temps en temps afin d'en extraire les ordures.

La partie où se trouve la mouchette est séparée de la partie sablée par une planche de 20 centimètres de hauteur. Pour éviter que les animaux ne se blessent en cherchant à passer à travers le grillage, on a mis en bas un socle en planches de chêne épaisses et d'une hauteur de 55 centimètres.

Le grillage est à mailles assez resserrées pour qu'aucun oiseau ne puisse s'introduire dans le parquet, de sorte que tout le grain y est consommé par les animaux qui y séjournent. Il y a deux porte-perchoirs, l'un à couvert l'autre dehors. Ils supportent trois barres entre-croisées à des hauteurs différentes, celui du dehors reçoit à son sommet un morceau de bois arrondi qui sert de support à la couverture de grillage en son centre.

M. Pointelet préfère les perchoirs ronds. Le perchoir de la partie non couverte est celui qu'adoptent les faisans, tandis que les pigeons et les poules préfèrent l'autre. Sous le bas du toit posée sur deux tasseaux, fixés l'un sur la cloison ou le pignon et l'autre sur le bas de la sablière, il y a, dans chaque angle une boîte destinée aux pigeons dont la longueur est de 40 centimètres contre 25 centimètres de largeur et dont les bords ont 6 centimètres de hauteur ; dans cette boîte se trouve un nid en plâtre. Ce système a l'avantage qu'une seule paire de pigeons peut y séjourner et, comme il n'y a pas de perchoirs auprès, les batailles n'y sont guère possible.

Au fond du parquet, le long du mur sur une planche placée sur deux tasseaux, à un mètre de hauteur, se trouve un pondoir pour les poules ; c'est une boîte couverte, ouverte d'un seul côté où elle a un rebord suffisant pour retenir la paille et les œufs.

Longeant cette planche en avant, est aussi un perchoir pour les poules. Le grain est déposé dans des boîtes à bords élevés. Les abreuvoirs sont en zinc et divisés en deux compartiments, quelques-uns sont en fonte. Ce système de parquet, adopté par M. Pointelet a l'avantage de supprimer le poulailler. La volaille est à couvert la nuit ; dans le jour, elle a un préau pour se promener et se mettre à l'abri de la pluie et du soleil.

Elle est dans d'excellentes conditions hygiéniques dans des parquets construits cependant sans dépense exagérée. Les planches des cloisons sont passées à la chaux deux fois par an, au printemps et à l'automne. Dans la partie découverte deux arbres verts ont été mis dans chaque parquet pour donner de l'ombre.

Les habitants sont un coq et trois, quatre ou cinq poules avec un couple de faisans, une paire de gros pigeons et une de petits choisis de façon à éviter les croisements.

Une chose très gênante selon nous, c'est que, pour aller d'un bout à l'autre il faille traverser tous les parquets, ce qui dérange inutilement les volailles et rend le service plus lent et plus difficile. Une très grande propreté règne partout.

Dans tous ces parquets existent des sujets de races du Mans, de Hambourg, de la Flèche, des coucous de Rennes, de Crèvecœur, de Bresse, des courtes pattes, des cochins fauves, des Houdan, des Hollandais, de dorkings, et quantité de pigeons et de faisans. Il est inutile d'ailleurs d'indiquer les noms des oiseaux qui forment cette belle collection.

Sont adjointes à l'établissement des ruches dont M. Pointelet emploie le miel pour ses animaux malades, notamment les faisans.

Dans une volière, au fond, nous voyons 16 cases à lapins, actuellement occupées par des couveuses ; dans une autre partie du jardin, se trouve un parquet de

42 mètres superficiels contenant des canards de Péking, des poules et des coqs de Langshan, des pigeons de Montauban et de Tunis ; en outre 20 cases à lapins servent à loger les lièvres dans certaines saisons, puis les coffres contenant les divers grains pour l'approvisionnement des animaux.

Les cases où sont les lièvres offrent cette particularité qu'elles sont réunies au fond de planches superposées reposant sur des tasseaux, au-dessous de chacune desquelles une autre planche, d'une largeur de 25 centimètres, clouée sur le rebord de la planche précédente, descend jusqu'à l'étage situé immédiatement au-dessous de telle façon que le lièvre, en se plaçant derrière peut se soustraire aux regards et y faire son nid.

M. Pointelet affirme qu'il réussit, dans ces cases, l'élevage du lièvre.

Dans un terrain, plus loin, se trouve des dindons de Sologne et des canards de Labrador.

Un bâtiment isolé recèle les caisses destinées à l'emballage des faisans, cerfs, chevreuils, sangliers dont M. Pointet fait un très grand commerce. Ces caisses sont très bien comprises pour que ces animaux puissent être transportés sans se blesser.

L'élevage d'Agneaux.

M. Bizé à créé à Agneaux (Manche) un élevage modèle où il s'attache surtout à la sélection de la race de la red-cap. La red-cap est pour M. Bizé la poule pratique par excellence, il la cultive avec passion ; nous sommes un peu de son avis pour la valeur de cette race. On peut dire que c'est M. Bizé qui a amené la red-cap à ce qu'elle est aujourd'hui. C'est, du reste, lui qui l'importa en France. Depuis, M. Bizé a sacrifié toute sa science et son savoir en aviculture à l'élevage de ces volailles auxquelles il est attaché.

A Agneaux, nous avons remarqué de splendides montaubans couronnés rouges et papillotés, ainsi que de splendides romains fauves.

Les volailles de M. Bizé sont toujours très regardées dans les expositions. Cet aviculteur, il est vrai, a fait tout ce qu'il a pu pour faire connaître cette race que nous recommandons, nous qui avons été à même d'apprécier ses mérites, de toutes nos forces.

M. Bizé enlève toutes les premières palmes de nos concours qui ne peuvent lui être disputées que par ceux qui se sont fournis chez lui. Aujourd'hui les red-cap sont lancés, la race est à la mode ; on connaît cette splendide et pratique volaille, et les demandes arrivent par centaines à Agneaux, à un tel point que le propriétaire ne sait où donner de la tête.

M. Bizé est un aviculteur convaincu que l'on ne peut que féliciter chaudement, ce qui nous est très agréable à faire.

Établissement d'aviculture de Baucamps.

L'Elevage de Baucamps occupe plus d'un hectare de terrain.

Il comprend quinze magnifiques poulaillers construits en briques avec couverture en zinc. Ces installations sont très soignées et dignes des sujets d'élite que possède le propriétaire.

Ici c'est un élevage de volailles de race, des races pures et rien que des races pures. Le propriétaire de ce bel élevage a compris qu'une sélection raisonnée et intelligente était la seule condition d'avoir des sujets de choix. Les trois races qui sont élevées de préférence à Baucamps sont : la leghorn dorée, la red-cap et l'andalouse bleue, celle-ci de provenance anglaise. MM. Henry Hill, Vilmot, Black et Gill sont les fournisseurs attitrés de la maison ; mais on admire aussi dans les parquets de superbes leghorns blancs et des hambourgs.

En éleveur prévoyant, le propriétaire possède plusieurs poulaillers qui renferment exclusivement des lots de rechange, principalement des coqs. La maladie a si tôt détruit un troupeau de volailles, qu'on ne saurait trop louer les mesures prises à Baucamps et les recommander aux éleveurs.

Aux installations que nous venons de décrire il faut

ajouter de vastes prairies qui servent de pacage spécialement aux leghorns dorées de choix.

Enfin l'élevage comprend aussi une salle d'incubation, couveuses artificielles, éleveuses, etc.

M. Chaillaux, le sympathique propriétaire de l'élevage, se sert depuis cinq ans de couveuses artificielles ; il ne sait assez vanter ce mode de production. Avec elle, dit-il, on produit vite et beaucoup.

L'élevage de Baucamps n'en est plus à compter ses succès aux expositions.

Du reste, quand une exploitation quelle qu'elle soit est dirigée par un homme aussi pratique, aussi intelligent et aussi modeste que M. Chaillaux, cette exploitation ne peut que prospérer rapidement.

Nous ne pouvons que féliciter M. Chaillaux non seulement de ses nombreux succès, mais aussi de sa façon de comprendre et de conduire son remarquable élevage.

Nous citerions encore beaucoup d'élevages, nous donnerions bien ici des descriptions détaillées et complètes de tous les élevages modèles créés en France depuis quelques années, mais cela nous conduirait trop loin et nous préférons en rester là. Nous citerons cependant plusieurs élevages des mieux installés et qui sont dirigés par des personnes compétentes, praticiens et aviculteurs convaincus. M. Thouvenel a créé à Fains (Meuse) un élevage modèle où il ne s'occupe que de sélectionner nos meilleures races,

pour la vente des sujets et des œufs. M. Thouvenel
est très connu aujourd'hui par tous les aviculteurs et
il ne se passe aucun concours sans qu'il n'emporte sa
part de récompenses. Les oiseaux élevés à Fains sont
tous de grand luxe ; on y remarque de magnifiques
poules et coqs, des splendides canards, des pigeons
non moins beaux et des faisans d'une grande valeur.

M. Carrey est le propriétaire d'un établissement
d'aviculture magnifique qu'il a installé à Fourches, par
Moissy-Cramayel (Seine-et-Marne). M. Carrey, lui, a
surtout en vue la production en grand, il n'élève pas
moins de *quatre-vingt-seize* races de canards, poules
et pigeons. A Fourches, il y a des sujets remarquables
de beauté, surtout dans nos races françaises que le
propriétaire de l'élevage cultive avec passion. M. Carrey
est un compétent dans la matière, c'est un chercheur
et rien qui puisse être tenté pour l'élevage ne lui est
inconnu.

Il prend aussi une grande part de médailles à nos
expositions avicoles.

M. Favez-Verdier possède à Royal-Lieu (Com-
piègne) un élevage qui n'a pas son pareil pour l'installation et le bon entretien des volailles. Ici aussi
on élève en grand, on ne compte pas moins de soixante-
quinze parquets où se prélassent des volailles magnifiques, qui font toujours l'admiration des amateurs
dans tous nos concours d'oiseaux de basse-cour. A
Royal-Lieu on élève surtout des oiseaux de grand

prix. L'élevage modèle de M. Favez-Verdier est aujourd'hui connu de tous les vrais amateurs qui y prennent leurs plus beaux sujets.

Un élevage des mieux montés, des plus jolis et des plus connus est sans contredit celui de Mme Garnotel-Fréneuse à Bonnières (Seine-et-Oise). Mme Garnotel s'attache à amener à la perfection nos races françaises; dernièrement elle fixait avec l'aide de plusieurs membres de la Société nationale d'aviculture de France les points distinctifs de pureté de la race coucou de Rennes. A Fréneuse on élève des sujets des plus beaux de toutes nos principales races. Mme Garnotel est très connue aujourd'hui de tous les éleveurs français et étrangers.

Mme Alexis Guillaumin, à Lépine-Levendre (Allier) a monté aussi un élevage modèle. Les oiseaux d'élite de Mme Guillaumin remportent de nombreuses médailles aux expositions avicoles françaises et étrangères. L'élevage de Lépine est très bien dirigé et la bonne harmonie règne partout. Là on voit aussi que tout est savamment combiné par la propriétaire.

Nous terminons là nos descriptions des élevages; beaucoup d'établissements devraient être mentionnés, mais la place nous manque; nous y reviendrons peut-être plus longuement plus tard. Quoi qu'il en soit nous ne pouvons terminer ce chapitre sans citer les noms d'aviculteurs compétents, amateurs convaincus qui, eux aussi, élèvent de splendides sujets mais surtout comme amateurisme : MM. Louis Brechemin, Naudin, Petitjean, Moquet, Le Conte, Toutain, Hivonnait, etc.

La Société nationale d'aviculture de France a été formée par une réunion d'hommes compétents en 1891. Cette société a été reconnue d'utilité par le ministre de l'agriculture sous le haut patronage duquel elle a été placée. Elle est ouverte à tous ceux que l'aviculture intéresse, elle organise chaque année de remarquables concours qui ont été peut-être imités mais jamais égalés. Elle organise, en outre, des concours départementaux d'animaux de basse-cour entre cultivateurs qui ne tarderont pas à faire sentir leurs heureux effets en France. Il est servi gratuitement à tout membre le bulletin officiel de la Société, *la Revue avicole*, renfermant les travaux des sections et donnant une foule de renseignements pratiques émanant la plupart de membres de la société.

Il existait aussi il y a quelques mois une section d'aviculture pratique de la Société nationale d'acclimatation, cette section organisait tous les ans des expositions d'oiseaux de basse-cour qui étaient aussi fort belles. Malheureusement la section d'aviculture vient d'être supprimée.

Il existe en France de nombreux journaux traitant d'aviculture ; en première ligne vient l'*Acclimatation*, journal des éleveurs si bien dirigé par les frères Deyrolles ; l'*Éleveur*, journal très pratique et très intéressant dont le rédacteur en chef est le si savant M. Megnin ; l'*Elevage*, dirigé par M. Rouillé ; le *Chenil*, le *Moniteur des campagnes*, le *Journal de l'Agriculture*, le *Journal d'Agriculture pratique*, la *Revue des sciences appliquées*, l'*Agriculture de la Région du nord*, etc., etc.

Enfin, tout dernièrement, par arrêté ministériel il était institué une École pratique d'Aviculture dans le superbe établissement d'aviculture que M. Rousset possède à Sanvic, près le Havre.

Depuis ce temps, les cours sont commencés à l'école de Sanvic, qui reçoit des élèves français et étrangers des deux sexes. Ces élèves à leur sortie reçoivent un diplôme qui leur permet de trouver facilement des places dans les exploitations avicoles.

M. Rousset, le sympathique et savant directeur de l'établissement, en adresse le programme sur demande.

Les bénéfices de l'industrie avicole.

L'aviculture industrielle se divise en trois branches distinctes : d'abord, les accouveurs dont le but est de faire couver et faire éclore les œufs pour vendre les poussins aussitôt après leur naissance.

Les éleveurs dont la tâche est plus grande et qui élèvent les poulets jusqu'à trois mois et demi, âge où ils sont vendus après engraissement. Et enfin les éleveurs spécialistes de volailles de races pures.

La première de toutes ces opérations est de beaucoup la plus simple et par cela même la plus facile à pratiquer.

Un journal d'élevage, *le Moniteur des campagnes*, publie un article sur les accouveurs dont nous allons reproduire les passages principaux ; notre impartialité dans cette question sera encore plus absolue :

« S'il est une constatation heureuse à faire, c'est la prospérité du commerce des jeunes volailles. Bien que — avec un correspondant un peu sensible — nous ayons souvent déploré le *massacre des innocents*, il n'en est pas moins vrai que les animaux sont, de par la nature, à notre entière disposition. Ainsi l'a voulu l'organisateur de toutes choses ; et pour être mangés en bas âge ou comme adultes, les poussins, poulets ou poules n'en sont pas moins destinés à la table. Donc — toute tendresse d'éleveur à part — il est permis de se féliciter de l'énorme vente qui se fait de poulets vivants âgés de quelques jours.

Les Anglais eux-mêmes nous envient cette industrie. Ils en consomment des quantités qu'on exporte de France à destination de la Grande-Bretagne.

Du reste pour les transporter vivant en bon état, il n'est rien qu'on n'ait inventé. »

Nous ajoutons à cela que cette première branche de

l'industrie avicole a pris en quelques années en France une extension énorme.

Aujourd'hui tous les aviculteurs sont accouveurs, ils possèdent tous des couveuses artificielles qui, leur donnant un résultat beaucoup plus beau que celui qu'ils obtiendraient avec des poules couveuses, leur permettent de se livrer à ce travail sur une assez grande échelle.

Dans notre couvoir du Vivier-Guyon, où nous n'élevons pas la centième partie des poussins que nous faisons éclore, les poussins, à leur éclosion, sont mis dans des sécheuses.

Les poulets des races des Ardennes, de Houdan et de Lhassa dont nous nous sommes faits une spécialité sont mis à part, ils sont toujours en bien plus grand nombre que ceux des autres races, car les commandes sont aussi beaucoup plus nombreuses.

Après examen, fait par nous, les plus beaux poussins sont mis quelques heures après dans des boîtes d'expédition et sont expédiés dans toute la France et l'étranger.

La boîte d'expédition est carrée, fermée complètement sur trois de ses côtés, une ouverture grillagée étant ménagée sur le quatrième côté. Un velours épais s'applique exactement sur le grillage de l'ouverture pour intercepter tout passage d'air. Suivant la température le velours sera plus ou moins levé.

Le fond de la boîte d'expédition est garni d'une

épaisse couche de menue paille. A la partie supérieure de la boîte se trouve un cadre de bois sur lequel est cloué une étoffe épaisse. Le cadre est retenu par des tasseaux et l'étoffe tombant sur les petits leur donne tout à fait l'illusion du ventre de la poule.

Enfin un couvercle à rainures ferme la boîte.

Les poussins reçoivent avant de partir du millet et un peu de chènevis dans une augette ménagée dans la boîte à cet effet. Ils se trouvent donc dans d'excellentes conditions pour voyager, aussi arrivent-ils toujours à destination sans aucune perte.

Les poussins ainsi arrivant de voyage seront sortis de la boîte et mis dans une chambre où il règne une chaleur douce ou dans la serre de l'éleveuse artificielle si on en possède une. Ils prendront alors l'air frais, ce qui leur donnera de suite beaucoup de force. La nourriture à leur donner se bornera en quelques grains de millet pour les distraire, mais pas en assez grande quantité pour les rassasier, puis, lorsqu'ils auront pris cette nourriture, enfermez-les dans l'éleveuse artificielle qui aura été préalablement chauffée à 30° centigrades, ou sous une poule si on ne possède pas d'éleveuse. On ouvrira alors l'éleveuse artificielle dix minutes après les avoir enfermés et on placera à proximité de la porte une augette chargée de pâtée *très épaisse* et un petit abreuvoir rempli de lait pur. Surtout ne laissez pas les poussins dehors plus d'un quart d'heure pour qu'ils n'aient pas le temps de manger ni trop boire et les renfermer encore et de nouveau dans la mère artificielle en ouvrant les bouches de chaleur pour que la température intérieure ne soit pas trop élevée. Une demi-heure après on pourra donner la liberté entière et complète aux poussins et les laisser manger et boire à discrétion.

. . . .

Donc, les accouveurs ont surtout pour but de faire naître le poussin pour le livrer aux amateurs et aux éleveurs quelques heures après l'éclosion. C'est donc une sorte de culture de l'œuf, où l'expérience, la pratique et le bon sens jouent un rôle très important. Pour pratiquer cette partie, cette branche de l'aviculture, point n'est besoin de posséder un grand terrain. L'éleveur possédant un hangar, une ancienne écurie, une vieille remise, s'estimera très heureux. Avant tout il faut un local pour placer les couveuses artificielles. Ce local doit être recherché avec soin et aménagé pour la circonstance. Toutes les pièces ne sont pas également bonnes pour faire couver, loin de là ; il faut avant tout que ce local soit d'une aération facile mais sans courants d'air brusques et d'une humidité tempérée. Pour cela on devra toujours choisir une place au rez-de-chaussée, dallée autant que possible. Les murs seront badigeonnés à la chaux, nous avons donné plus haut la manière de préparer l'eau de chaux, du reste peu de personnes ignorent cette préparation

On ne devra laisser aucun trou, aucune fissure dans les murs. Enfin un bon thermomètre sera placé dans la salle pour indiquer la température.

On ne devra jamais faire de feu dans la chambre où seront placées les couveuses artificielles, car on s'exposerait à de graves mécomptes.

Le couvoir aménagé, on choisira une petite salle à proximité pour y placer les accessoires. Cette salle, aussi sombre que possible, sera très utile aussi pour le mirage des œufs.

Pour l'aviculteur industriel, il est essentiel de posséder quelques sécheuses, surtout pour celui qui ne se livre qu'à la culture des œufs, en un mot l'accouveur.

Le sol du couvoir sera recouvert d'une couche de sable de deux à quatre centimètres d'épaisseur. Ce sable étouffera le bruit des pas et entretiendra toujours dans la salle une fraîcheur relative.

Le couvoir ainsi préparé, on y placera les couveuses. Les appareils seront placés de telle sorte que l'on puisse circuler autour de chacun sans avoir crainte de bousculer ou de toucher le voisin.

Les couveuses seront mises en marche suivant les instructions détaillées et précises qui y sont jointes. Le travail se résumera ainsi : tous les matins et tous les soirs retournement des œufs des appareils, inspection des thermomètres. Tous les soirs remplissage des réservoirs d'essence minérale, opération faite très rapidement à l'aide d'un petit entonnoir et d'un bidon à pétrole. Aération du couvoir tous les matins.

Comme on le voit, un couvoir où fonctionneraient vingt-deux couveuses est plus simple que l'entretien de quelques poules couveuses.

Nous prenons ce chiffre de vingt-deux couveuses comme base parce qu'il nous permettra de démontrer plus clairement les résultats, les dépenses et les bénéfices d'un couvoir. En effet un couvoir de vingt-deux machines donnera tous les jours une éclosion et le travail se trouve ainsi toujours le même et sans interruption.

Quant à la réussite des appareils, aujourd'hui elle est hors de doute, on n'a jamais, avec les couveuses modernes et surtout avec celles que nous employons, on n'a jamais, disons-nous, constaté une couvée manquée entièrement, et nous avons eu chez nous souvent des réussites supérieures à 90 p. 100. Beaucoup de personnes nous ont même annoncé des résultats de 100 p. 100.

Un homme seul, une femme même peut suffire amplement à la surveillance et à tout le travail d'un couvoir pouvant produire journellement 200 poussins.

Le prix du combustible exigé pour une couveuse est en moyenne de 25 centimes pour vingt-quatre heures soit pour 22 couveuses la somme de 5 fr. 50 tous les jours, en fixant le salaire de la femme chargée du couvoir à 3 francs et à 1 franc pour frais d'éclairage, entretien et même en comptant l'intérêt du capital appliqué au matériel on n'arrive pas à une dépense totale de 10 francs et cela pour 20 couveuses, soit 10 fr. 50 de frais généraux par machine pour une incubation de vingt et un jours.

20 francs pour l'achat de 200 œufs au cours moyen de 10 centimes.

Donc la dépense totale d'une couvée ne peut dépasser 30 fr. 50.

Voyons maintenant les recettes.

Sur une totalité de 200 œufs on compte en moyenne 20 p. 100 d'œufs qui ne contenant pas de germe sont restés clairs. Soit 40 œufs pour 200, qu'on enlèvera le cinquième jour de l'incubation. Ces œufs sont très bons pour la consommation et trouvent toujours acheteurs au prix de 5 centimes.

Si les œufs clairs ne sont pas vendus on les mélange avec la pâtée des jeunes poussins et leur emploi représente la même valeur,

Donc ces 40 œufs clairs formeront déjà une recette de 2 francs.

Nous compterons pour la réussite, avec des résultats les plus minimes soit 70 p. 100 d'éclosion soit 112 poussins qui seront vendus quelques heures après leur naissance au prix moindre de 60 centimes soit 56 francs. En joignant les 2 francs produits de la vente des œufs clairs nous trouvons une recette totale de 58 francs.

Or la dépense étant de 30 fr. 50 il restera pour une incubation un excédent de recettes de 28 fr. 50. Et nous ferons remarquer en faveur de notre thèse que la dépense a été comptée largement et les recettes, au contraire, réduites autant que possible, car comme nous le disons plus haut la réussite moyenne des appareils est de 85 p. 100 des œufs.

Le bénéfice d'une couvée peut donc être porté à 30 francs sans être taxé d'exagération. Et tous les jours c'est une réussite pareille et un bénéfice aussi grand si le couvoir renferme 22 couveuses. C'est donc un bénéfice journalier de 30 francs au minimum. C'est à la fin de chaque année quand tous les frais généraux sont payés un bénéfice de 10.950 francs et cela obtenu avec une mise de fonds insignifiante.

Les établissements avicoles qui tous les jours se montent en France et qui prospèrent tous rapidement sont un appui formidable à la justesse de nos idées. On voit donc qu'avec un simple couvoir, on peut se procurer des revenus faciles et assez jolis pour permettre une existence très confortable à la campagne.

Mais comme nous le disons plus haut l'aviculteur moderne ne se borne pas à cette incubation industrielle des œufs. Lorsqu'on possède quelques capitaux on peut les engager hardiment et sans hésitation à la fondation d'un établissement complet d'aviculture. Mais pour cette deuxième branche de l'aviculture industrielle il est nécessaire de se procurer un grand terrain si on n'en a pas à sa disposition. Sans cela la réussite de l'entreprise est impossible. Ce sont justement les terrains qui conviennent le moins à l'agriculture et par conséquent les terrains sans valeur qui profitent le mieux a l'élevage de la volaille.

Un terrain sablonneux, pauvre où pousse çà et là une herbe fine mais sans vigueur, présentera pour les élèves des garanties d'hygiène. indispensable à une bonne réussite.

En effet là, jamais aucune humidité, source de tant d'épidémies ! grand air, facilité donc pour les volailles de se produire.

On trouve facilement ces terrains à proximité des grandes villes. Le terrain choisi il restera à l'aménager ; quelques éleveuses et parcs à poussins ajoutés aux couveuses compléteront l'installation.

Enfin une bonne gaveuse mécanique, et quelques épinettes tournantes qu'il sera facile de construire soi-même.

La plus simple installation sera toujours la meilleure il ne faut pas oublier que nos volailles se porteront tout aussi bien dans des cabanes rustiques que dans des chalets luxueux.

Un hangar clos pour le couvoir, un autre pour l'engraissement, des parcs formés de grillages à triple torsion dans lesquels seront les éleveuses, enfin une ou deux cabanes pour les adultes, cabanes portatives et facilement transportables.

Avec 4.000 francs une personne consciencieuse établira un petit élevage qui en peu de temps prospérera et prendra une rapide extension. Le couvoir seul, devra payer les frais généraux de tout l'élevage, car on n'élèvera que la cinquantième partie des poussins que l'on fera naître. On a vu au chapitre de l'*Engraissement mécanique* les bénéfices que l'on peut tirer de cette industrie, nous ne reviendrons donc pas sur ce que nous avons dit. Qu'il nous suffise de dire que les bénéfices seront au moins doubles et même triples que ceux que nous donnons pour la simple incubation artificielle.

Et si l'on veut faire l'élevage des volailles de race, les recettes seront encore plus belles car on élèvera alors des bêtes de valeur vendues à l'âge adulte de 25 à 100 francs pièce et à l'état simple de poussin à 1 francs et 2 francs.

A l'heure actuelle les établissements d'aviculture se multiplient en France, nous avons cité quelques établissements modèles pour donner aux lecteurs des données plus exactes encore sur ce que nous venons de traiter.

TABLE DES MATIÈRES

TABLE DES GRAVURES

ÉVREUX, IMPRIMERIE DE CHARLES HÉRISSEY

SOCIÉTÉ
NATIONALE D'AVICULTURE
DE FRANCE

Cette Société, reconnue d'utilité publique par le ministre de l'Agriculture, sous le haut patronage duquel elle a été placée a pour but de développer et répandre partout l'élevage de la volaille et des oiseaux. Elle organise chaque année une magnifique exposition à Paris où sont exposées les plus belles collections d'oiseaux de basse-cour de France et de l'étranger. Toutes les opinions touchant l'aviculture sont admises à la Société où elles peuvent être discutées en séance.

CONSEIL D'ADMINISTRATION

Président d'honneur : M. le Ministre de l'Agriculture. — *Membres d'honneur :* MM. J. Méline O (MA); Gomot O (MA); E. Tisserand G O ✳, O (MA); Marc de Haut ✳.

Président : M. Ernest Lemoine ✳, O (MA). — Vice-Présidents : MM. Sagnier ✳ (MA); Baudet ; Vian ✳. — Secrétaire général : M. H. Mesnier ✳, O (MA). — Secrétaire . M. Louis Brechemin. — 1ᵉʳ secrétaire adjoint : M. Gentils (MA). — 2° secrétaire adjoint : M. Tavey — Trésorier M. Naudin.

Membres du Conseil : MM. Jules le Conte, Favez Verdier, Pointelet (MA,) Moquet, Debauvais, Vimelet, Denoyer, Decout, Randoing ✳ (MA), Vasselière O ✳ O (MA).

La cotisation est de **12** fr. par an, plus un droit d'entrée de **5** fr.

IL EST SERVI GRATUITEMENT A TOUT MEMBRE

LA REVUE AVICOLE

Bulletin hebdomadaire renfermant les travaux de la Société et une foule de renseignements sur l'incubation, l'élevage et la reproduction des oiseaux domestiques et des oiseaux sauvages domestiqués.

SIÈGE DE LA SOCIÉTÉ
24, RUE DES BERNARDINS, 24
PARIS

FORGET
THIERS à CHARLEVILLE (Ardennes)

COUVEUSES AUTOMATIQUES
A AIR CHAUD

*à Régulateur et Chauffage, breveté S. G. D. G. en France
et à l'Étranger.*

APPAREILS D'ÉLEVAGE PERFECTIONNÉS

GAVEUSES MÉCANIQUES — ÉPINETTES TOURNANTES

INSTALLATIONS COMPLÈTES D'EXPLOITATIONS AVICOLES

POULAILLERS — FAISANDERIES — VOLIÈRES

VOLAILLES DE RACE POUR LA REPRODUCTION
SPÉCIALITÉ DES RACES
De LHASSA, de HOUDAN et des ARDENNES

NOURRITURES & MÉDICAMENTS POUR VOLAILLES

Médailles d'Or, d'Argent, Vermeil, etc. Diplômes d'honneur
et Premiers Prix.

GRAND DIPLOME D'HONNEUR — 1er PRIX
à la dernière
EXPOSITION D'ANVERS

ŒUFS A COUVER & PETITS POUSSINS

ENVOI FRANCO DE CATALOGUES
*Pour éviter tout retard, joindre un timbre de 0 fr. 10
à toute demande de Catalogue.*